Jul.

还烦恼吗

好好生活的100个基本

樊登 著

北京联合出版公司
Beijing United Publishing Co.,Ltd.

"

如果你只想生活在自己过去的存量中,那生活中的任何改变都是痛苦的。

目录 Contents

No.01 职场生存

第一节　问职场

- 004　如何找到自己热爱的事业？
- 006　如何能更快地适应职场环境？
- 008　需要用加班来证明自己努力吗？
- 009　如何找到自己的核心竞争力？
- 010　毕业两年换了五份工作，我该如何调整状态？
- 011　用领导者姿态去工作的新员工，是留还是不留？

第二节　问管理

- 016　被领导提拔做管理，不感兴趣怎么办？
- 018　升职了很开心，但不会当领导，怎么办？
- 020　小领导如何管理带资源进来的员工？
- 022　不希望能力强的下属过得好，怎么办？
- 024　应该对员工毫无保留吗？
- 025　怎么才能当甩手掌柜？

027　老板和员工称兄道弟，却被索要特权，怎么办？

029　如何提高应届生员工的稳定性？

第三节　问生涯

034　如何对单调重复的工作保持激情？

036　老客户让我当商业间谍，我该怎么拒绝他？

038　工作多年被公司开除，如何扛过去？

040　只会考试，未来该怎么办？

042　想转行卖保险又怕丢面子，应该怎么办？

044　想换行，又担心陌生的专业隐藏着巨大风险，该怎么办？

046　如何拥有"睡后收入"能力？

048　搭档不敬业，怎么办？

050　职场上不想跟人争，又怕吃亏，该怎么办？

052　老板加薪很爽快，为什么还是招不到人？

第四节　问创业

058　总跟合伙人吵架，如何处理跟合伙人的关系？

060　内容创业者不懂营销，怎么办？

062　没钱没人脉，创业被人嘲笑怎么办？

065　真的不能和好朋友一起创业吗？

067　作为公司创始人，具体要干哪些活？

069　怎么做才能获得更多的客户？

071　经济大环境受影响，中小企业怎么突围？

№.02　生活启示

第一节　问选择

084　想去大城市闯荡却被家人阻拦，该怎么办？

086　北上广深不相信眼泪，小城市就相信眼泪吗？

088　是考研多读几年书好，还是早点工作好？

090　下班回家只想躺着，我还有救吗？

092　三十多岁，想辞职去考研靠谱吗？

094　女人究竟是要干得好还是要嫁得好？

096　有用却不擅长的事，应该坚持吗？

098　女人只能辞职做全职太太吗？

100　怕教不好孩子，不敢生育，怎么办？

第二节　问困惑

104　想活得随便一点行不行？

106　为什么我会活成自己讨厌的样子？

108　做自己，不为别人而活是自私吗？

109　怎样看待自己失败的经历？

111　找到自己的使命为什么这么难？

114　定居大城市无法照顾父母，怎么办？

117　一直活在内疚中，我该怎么办？

120　想减肥却越减越肥，我该怎么办？

122　一直沉迷于往日辉煌中，该怎么办？

第三节　问读书

126　都说读书很有趣，我却没感觉，怎么办？

128　读书越多，我却越无知，怎么办？

130　人生有限书无限，读不完书怎么办？

132　曾经的网瘾少年，如何培养读书兴趣？

134　忙于工作，没有时间读书怎么办？

No.03　家庭突围

第一节　问夫妻

144　如何成为一个既有趣又有文化的男人？

146　老婆总跟我对着干，我该怎么办？

147　　山居生活与孩子的教育该怎么平衡？

149　　老公和女同学一起创业，我该支持他吗？

151　　丧偶式带娃，该不该离婚？

153　　一个家庭观念很强的人，如何面对离婚这件事？

155　　夫妻俩总是因为教育孩子发生矛盾，怎么办？

157　　夫妻长期分居面临离婚，如何告诉孩子？

第二节　问父母

162　　跟老爸的价值观不一样，怎么办？

164　　老爸沉迷各种不靠谱的理财方式，我该如何劝说？

166　　感觉被妈妈监控了，我该如何摆脱？

168　　父母吵架，找我评理，我该向着谁？

170　　父母文化程度不高，产生了家庭冲突怎么办？

172　　和父母的育儿观不一致，怎么办？

174　　每次回老家看父母都会跟他们大吵一架，怎么办？

177　　一直活在父母常年打架的阴影中，如何才能放下？

第三节　问关系

182　　公婆亏待我，不想给他们花钱，行不行？

184　　读了很多书，为什么还是处理不好婆媳关系？

186　老人想再婚，家人强烈反对，该如何处理？

188　陷入人生低谷后，该怎么办？

№ 04 情感解惑

第一节　问单身

198　渴望恋爱，却又排斥和男生接触，怎么办？

200　不会与异性相处的理科生怎么找对象？

202　想恋爱，可始终迈不出第一步，怎么办？

204　马上 30 岁了，要接受家里人安排的相亲吗？

206　朋友一直单身，我怎么提醒他降低标准？

208　职场女强人如何在爱情中变身软妹子？

第二节　问恋爱

212　虽然有男朋友，但还是很享受别人的追求，有错吗？

214　妈妈嫌弃我的男朋友，逼我分手，我该怎么办？

216　总是忍不住翻看女朋友的手机，怎么办？

218　女朋友要求婚房只写她的名字，我有点犹豫，怎么办？

No.05 社交破局

第一节　问金钱

226　不熟的人结婚邀请我去,要不要随份子?

228　不熟的朋友找我借钱,借还是不借?

230　如何委婉地让对方还钱?

第二节　问社交

234　周围的朋友身上全是负能量,我该怎么办?

236　总被老师和同学误解,我该怎么办?

239　性格太直经常得罪人,怎么办?

241　为什么我分享的好东西没人认同?

243　比朋友发展得好而被疏远,怎么办?

245　别人总关心我的身材,该怎么回应?

247　性格内向的人如何在群体中提高存在感?

249　在交往中被欺负了,我应该怎么办?

第三节　问沟通

254　我一看购物直播就疯狂买东西,该如何控制自己?

256　总喜欢反对别人,应该怎么改正?

258　为什么总是听不进去别人的意见？
261　演讲时如何做到轻松从容？
263　在跟强势的人沟通时，如何舒缓紧张的情绪？

№.06 优解教育

第一节　问教育

272　错过了孩子成长的关键期，家长该怎么弥补？
274　孩子上课注意力不集中，该怎么办？
276　孩子遇事总说学不会，为什么？
278　孩子看电视成瘾，怎么办？
280　孩子依赖电子产品，家长很焦虑，怎么办？
283　孩子体质弱但又不爱运动，家长应该怎么办？
285　孩子应该花很多精力学习中国传统文化吗？
287　该如何跟孩子谈论"死亡"话题？
289　不能接受孩子变平庸，我该怎么引导孩子深度思考呢？
292　女儿和爸爸的关系有点紧张，怎么办？

第二节　问叛逆

296　女儿正值青春叛逆期，我该怎么管教？

298		青春期的孩子厌学，还有机会改善吗？
300		10岁女儿狂热追星，我该怎么阻止她？
302		女儿总爱看不正经的书，怎么办？
304		孩子焦虑易怒，家长该怎么办？
306		女儿把职业电竞当作人生理想，我该怎么劝阻？

第三节　问矛盾

310	老婆经常对孩子大吼大叫，该怎么处理？
312	放养的孩子成绩差，怎么办？
315	二宝出生之后，大宝非常失落，该怎么办？
317	二胎家庭，家长如何平衡跟两个孩子的关系？
319	两个孩子经常"争宠"，该如何管好他们？

第四节　问教学

324	该怎么帮助留守儿童和在单亲家庭长大的孩子？
327	碰到不好相处的家长，老师该怎么做？
329	老师教不好自己的孩子，怎么办？
331	未来的教育模式会是怎样的呢？

> 能找到归属感和价值感，你就能更开心地去工作，也更容易成为专家。

No.01
职场生存

一个了不起的企业首先看重的一定是员工的成长,员工有创业的动力,有成长的愿望,他才能更高效地去工作、去生活,才能给你创造更多的价值。

如果你学不会
对同一件事保持持续的兴趣，
最终所有事情都会让你腻烦的。

第一节　问职场

如何找到自己热爱的事业？

提问

如何才能找到自己热爱的那份事业？是干一行爱一行，还是爱一行才去干一行？

总有人说，"如果获得那样一份工作，我肯定会特别喜欢"。不可能！

我们做过一期节目，主题是"什么是世界上最好的职业"。其中有一位嘉宾，他的职业是试床员，主要工作内容是入住世界各地的五星级酒店，体验这些酒店的床，然后提交一份对床垫的评估报告。还有一位嘉宾，他在食品公司负责试吃巧克力。澳大利亚大堡礁的看岛人，每天的任务就是在大堡礁的沙滩上散步，年薪折合人民币大概是70万。在你看来，这些工作是不是都很美好？但是，这几位最后无一例外地都辞职了，因为他们都觉得自己的工作实在是太无聊了。

我们得学会沉浸在工作中，然后才能感受到它的美好。

有一本书，我一定要推荐给你——《好奇心：保持对未知世界永不停息的热情》。书中有一个特别有意思的案例，说的是一个普通大学生劳拉·麦金纳尼与煎蛋的故事。麦金纳尼曾经在麦当劳打工，主要工作就是煎鸡蛋。她在每天的早餐时段会煎差不多四百个鸡蛋，不断重复把鸡蛋打破、煎熟、取出的工序，工作异常枯燥。然而盯着鸡蛋，她突然进入了"心流"的状态，清晰地看到蛋清是如何慢慢凝固变白的，蛋黄两侧的蛋清就像两个国家互相进军打仗一样，逐渐蔓延汇合在一起。看起来只是简单地煎一个鸡蛋，她却能从中感受到特别的幸福。普通人是难以做到的。

所以，如果你不向内求，不去提升自己关注、喜爱这个世界的能力，只关注自己什么时候能得到自己喜爱的工作，那你八成会毁掉你的那份"喜爱"。热爱工作的核心是能不能热爱自己的生活。**幸福感绝对不是来自外在条件，而是取决于你是否拥有感知幸福的能力。幸福的反面不是不幸，而是麻木。**

如何能更快地适应职场环境?

提问

作为一名求职顾问,我主要就是给求职者做简历优化和面试辅导,通过我的辅导,很多求职者能顺利地入职一些企业。但是他们总会问我:入职以后,我们怎么做才能提高和领导的共情能力?怎么做才能更好地去适应新的领导?

对此,你会如何回答呢?

关于上述问题,我可以推荐三本书。

第一本书是《权力:为什么只为某些人所拥有》。这本书是斯坦福大学一位组织行为学教授写的,书名听起来挺"厚黑学",但其本质却是研究权力流动、配置规律的。

我们得理解,在一家公司里,权力到底是怎么流动的。作为一个中层管理者,你上面还有领导,一定要想办法跟领导保持良好的沟通。你需要知道,领导做某件事的目的是什么,怎样能更好地替领导做出来。更重要的是,一定要让领导知道这件事是你做的。所以在职场中,如果你要快速升职,我觉得这本书是必读的。

当然,不要用负面的心态去读它,觉得"工作竟然还需要掌握这么多技巧,好讨厌,我把本职工作做好不就行了吗"。实际上,跟领导保持沟通就是工作的一部分,还是非常重要的一部分。千万不要觉得这是逢迎拍马,不重要。不对,沟通永远是最重要的一件事。

第二本书是《创始人:新管理者如何度过第一个90天》。这本书讲的其实不是创始人,而是履新,就是进入一家新公司后,必须做对哪些事情,才能让别人了解你的能力。我认为这一点对新入职者非常重要。

第三本书是《认同:开启高效协作的密码》。这本书提到这样一点,对于别人的不理解,千万不要打马虎眼忽略过去。比如在开会提案的时候,你知道有一个人反对你的提案,你或许会希望他尽量不要参会,最好因为迟到或生病而缺席。其实这种想法是不对的,尽管回避争论或许能让你的提案得以通过,却很难保证其被有效执行。最有效的方法是在会议上针对不同的意见进行充分辩论,让参会者理解并接受你的提案。关注、理解问题的人越多,你的提案才越能被贯彻和执行。这本书是教我们如何面对和处理工作中遇到的不同意见的。

这三本职场宝典,对履新者一定会有帮助。当然,职场需要我们具备很多能力,这里再推荐三本书:《高效能人士的七个习惯》《少有人走的路》《向前一步》。它们可以帮助我们理解什么是成熟、什么是爱,从而帮助我们尽快融入新环境,做好新工作。

需要用加班来证明自己努力吗？

提问

我刚入职不久，要像其他同事一样，用加班向老板证明自己努力吗？

我个人不太看重加班，如果有个员工我从来没见过，但他为公司做了很多事，我一样会感激他、看重他。

如果下班后还待在公司里，说是加班，但实际只是在刷网页凑数，那其实一点用都没有。

我见过很多这么干的员工，后来发展得都不好。我问过他们的领导，领导对他们的评价是：一天到晚忙得要死，就是不出活。

领导都有自己的判断力，而且大多数工作都有考核标准。工作的核心是你要让领导知道你做了什么，怎么做出来的。你也要清楚领导最想要的是什么，领会他的意图，然后上下一心去达成。这才是健康的企业文化。如果你能这么做，自然就会被领导看到、赏识，也就会拥有更多的发展空间。

如何找到自己的核心竞争力？

提问

我是一个刚刚工作一年多的职场新人，因工作性质，我的岗位被频繁调动，我感觉自己什么都会一点，但什么都不专业。我现在对自己的职场定位感到很迷茫，我该怎么办？

你要重新认识工作这件事，你遇到的这种状况可能会是未来很多工作的常态。因为时代变化太快了，我现在这个年龄还在做短视频平台，这是我之前没想过的事。一句话，**接受不确定性，并且学会和不确定性共舞。**

当年我在中央电视台做节目时，经常被人请去主持化妆品新品发布会、零售活动，以及很多其他主题的活动，当时感觉是浪费时间，只是为了赚几千块钱。现在回过头去看，主持那些活动，在商业模式上给我今天做"樊登读书"带来了莫大的启发。所以，现在你唯一能做的就是，工作的时候认真工作，休息的时候享受生活。多读书学习，每天进步一点，就好了。

毕业两年换了五份工作，我该如何调整状态？

提问

毕业不到两年，我已经换了五份工作，家里人总说我没耐心，并因此责怪我，我应该怎么调整自己的想法或状态呢？

可能你家里人说的是对的，你再坚持一下可能会做得更好。也可能你是对的，因为家里人不知道世界上有那么多不靠谱的工作。到底谁对谁错，我没法做出评判，也无须我来评判。但我可以给你一个建议：首先要去找一个你能从中找到意义的行业，你能为别人服务，能看到自己的价值，并获得成就感。

最终能给人带来幸福的是两样东西：一个是归属感，另一个是价值感。**能找到归属感和价值感，你就能更开心地去工作，也更容易成为专家**。遇到困难不要轻易放弃。你可以换工作，但不能因为遇到困难就换工作。遇到困难时稍微坚持一下，挺过去，很可能你就适应了。

但是，如果这份工作实在不靠谱，或你从事的是一份没有任何进步和发展可能的工作，那离开也就离开了。人这一辈子换十几份工作不算奇怪，未来人们换工作会越来越频繁，因为时代发展得越来越快了，现在连公司的寿命都变得更短了，难道公司倒闭你还不走吗？

用领导者姿态去工作的新员工,是留还是不留?

提问

我们是一家创业公司,最近来了一位新员工,在跟对接人沟通时,他总是一副老板或者领导者的姿态,在不了解公司定位和策略的情况下就干涉其他老员工的工作。此外,其他员工对他的反馈也不太好,他和同事相处也不是很融洽。我想请教您,对于这样的员工,我们是留还是不留?

有两本书可以回答这个问题。第一本书是杰克·韦尔奇的《商业的本质》,第二本书是《可复制的领导力》。

《商业的本质》里谈到一个非常重要的原则:一个优秀的企业会不断去打造一致性。开除一个人,是因为他做的事跟我们所倡导的不一致。给一个人升职加薪,是因为他做的事跟我们所追求的是一致的。要用各种方法去打造整个团队的一致性。无论是开除一个人,还是表扬一个人,都是让团队和他人得到成长的机会。因此,从宏观的层面上来说,你要决定自己是否要打造一致性。

给员工提意见,或者做负面反馈,并不意味着只要他有缺点就一定要开掉。那样的话，企业需要不断招人，用人成本很高。**作为管理者，我们需要帮助员工成长，那么深度谈话就是一件非常重要的事。**

很多管理者不愿意跟员工谈负面问题。员工做错了事，管理者不愿意找他说，却在发奖金的时候提出来，给员工一个"突然惊喜"。这种"突然惊喜"会导致员工特别不高兴。为什么管理者不愿意跟员工谈负面问题呢？因为管理者不愿意去面对艰难的谈话。大家都喜欢做令人愉快的事，不喜欢做艰难的事，所以遇到艰难的谈话，很多管理者通常只是选择回避。

作为管理者，你需要掌握一个重要的谈话工具——BIC，B 是 Behavior（行为），I 是 Impact（影响），C 是 Consequence（后果）。BIC 的整体含义是：（某个）行为会产生什么样的影响，持续下去会导致什么样的后果。不过，在谈及对方的行为（B）时，要说事实，而不是提观点。

在跟这样的员工谈话时，如果你对他说，他在公司里总像老板一样工作，这就没有遵从 B 的原则，因为你表达的是一个观点，而不是一个事实。在说 B 的时候，我们需要找到的是事实。比如，他在全员大会上说甲不应该是公司的客户，乙才是，他这种挑选客户的态度会影响到公司对客户的服务方式，甚至可能会影响整个公司的服务意识和服务态度。

如果你能够学会跟员工沟通的技巧，就能够跟他深度沟通，并有可能改变他。如果学不会，你会发现很多好员工会被你"谈"走。所以，**员工的执行力往往等于领导的领导力**。你可以借着这件事提高你的沟通能力，好好修炼一下你的领导力。

看完这两本书，我觉得你会大有收获。

人感受到的痛苦，
往往不是来自痛苦本身，
而是来自自己的想象。

很多人不知道怎么做管理者，
是因为他根本不知道管理者的定义。
管理者是通过别人来完成工作的人。

第二节 问管理

被领导提拔做管理,不感兴趣怎么办?

提问

工作几年之后,在领导的安排下,我开始接触管理工作,但我发现,我对管理工作并不感兴趣,我只喜欢搞专业、搞技术,不爱跟人打交道,不想跟其他人沟通,就想管好手头的事。我跟领导提了这个想法,但领导说各方面都应该去尝试。我应该怎么办?

这是一个跟"能力陷阱"有关的问题。你说"我只喜欢搞专业、搞技术,不爱跟人打交道,不想跟其他人沟通,就想管好手头的事",那到四五十岁时,你还是只能搞技术,因为你关闭了自己发展的空间。

领导给你分配工作,让你去做管理,做一点专业外的事,这时候你会发现,原来自己还有短板,还需要改进,对吧?其实,这个痛苦的过程就是你学习的过程。如果你是右利手,你有没有试过用左手写名字?是不是写起来很慢,很别扭,很痛苦,而且写出来的字也不好看?这就是我们学习任何新东西时的感觉。你去做管理,管人、安排事,也是一样,**如果你觉得痛苦,觉得不舒服,那是因为你在学习,在成长。**

如果你能克服这个困难,做好管理,将来就有可能会有新的发展方向。时代是一直在变革的,每个行业都在不断变化,对我们的要求也越来越高。试问:一个只会搞技术的人和一个既懂技术又懂管理的人,哪个更值钱?

所以,要把眼光放得长远一点,要去理解学习中会产生的痛苦和挑战,就是这种痛苦和挑战,才会带来成长。你可以给这种痛苦贴个标签叫"困难"或"不适",也可以将其视作"兴奋"或"刺激",两者带来的感受是完全不同的。

我每次上台演讲,面对台下一千多个听众,其实我也会紧张,也会不舒服。但是,如果一点都不紧张,又怎么能讲好呢?我就试着把这种紧张转化为兴奋,这样可以帮助我表现得更好。这种思维方式的转换会让你更喜欢成长的感觉。我推荐你读读《终身成长》,它可以帮助你学会克服困难。

升职了很开心，但不会当领导，怎么办？

提问

由普通员工晋升到了领导岗位，从心理状态及专业技能上，如何判断自己是否能胜任？

这种忐忑我能理解。对于这个问题，我可以给你推荐几本书，相信你读过之后，会有启发。

第一本书是《创始人：新管理者如何度过第一个 90 天》，讲的是在一个新的工作岗位上，一个人应该做些什么。

我们到了新的岗位，有一两周时间可以来证明自己，让别人看到我们，发现我们的存在。这时我们需要做的是大量的沟通——需要跟领导进行充分沟通，跟下级进行充分沟通，找到大家共同的目标和愿景，把大家集合起来。

从普通员工晋升到领导岗位，还涉及身份角色的转变问题，因此我推荐的第二本书是我写的《可复制的领导力》，其中说到了"管理者角色"。**很多人不知道怎么做管理者，是因为他根本不知道管理者的定义。管理者是通过别人来完成工作的人。**如果员工一有活干不了，你就说"我来"，最后什么都是你来，虽然你累得要死，但活不一定能干好。因此，作为管理者，你需要花很多力气去培养下面的员工，让他们去成长。你把员工培养起来了，你的工作就好干多了。

第三本书是《能力陷阱》。它讲到，如果一个人特别喜欢干某件事，特别擅长干某件事，总执着地干这件事，这件事就会成为他人生的陷阱。比如你特别喜欢设计，遇到问题就想亲自动手，最后你只能成为一个永远干设计的人。要跳出这个能力陷阱，就意味着你要学着做一些以前没干过的事，比如管人。努力跳出能力陷阱去获得新的能力，是这本书可以给你提供的帮助。

第四本书是《高绩效教练》。做了管理，你就必须得跟你的员工谈话，这时你需要学会一个非常重要的技能——用询问而非告知的方式跟员工谈话。如果你不断地用告知的方式跟员工谈话，告诉他这个应该这样设计，那个应该那样设计，甚至具体到第一步、第二步该怎么做，那么一旦结果是不好的，员工就会怪你。即便结果是好的，员工也没什么成就感，因为一切都是按照你说的做的。

如果用询问的方式，结果就不同了。当你问他"你的目标是什么？""现状怎么样？""有哪些选择？""你打算怎么做？"，并鼓励他"很好，你去做吧"时，员工跟你的互动就会是很愉快的，在工作中他也有发挥的空间，有自主决定的弹性，能够从工作中获得成就感，得到成长。

做管理者是令人兴奋的一件事，好好干，我相信你一定会成功！

小领导如何管理带资源进来的员工？

提问

公司有一位带着资源进来的新人，虽然只是基层岗位的一个普通员工，但是在工作中如果他出现错误，总会有领导罩着，而同样的情况，其他员工就只能照章办事。这不仅伤害了公平性，还给基层管理者造成了很大的困扰，整个团队都没法管理了。对于这种情况，应该怎么办？

这个问题看似"无解"，因为这种员工是"戴着帽子"进来的，你管不了他，打也打不得，骂也骂不得，这种特殊的存在势必导致整个团队的氛围变得糟糕。如果你这么看的话，这个问题就真的无解了。但事情的真相是，你的关注点错了。

我们不要轻易给别人贴标签。首先，世界上有没有这种事呢？可能会有，但是它对整个团队的影响没有我们想象的那么大。**对整个团队影响最大的，是团队管理者的气质和价值观，是管理者能否鼓动起每个团队成员内心的动力。** 每个公司里可能都会有"富二代"或家庭背景不错的人，他可能开着劳斯莱斯去上月薪5000元的班。这些人都没法管吗？肯定不是。很多人干得很认真，很有上进心，虽然他是"富二代"，但他仍在努力。

所以核心问题在于，作为管理者，你能不能激发他内心的动力。内心真正强大的人不会觉得自己优越，反倒会有足够的动力去做更多更重要的事情。我们只要做好自己该做的事，努力去影响他们就好。

万一真的遇到一个特别坏的人，难道你要跟他玉石俱焚吗？没必要，恶人自有恶人磨，你做好自己该做的事就好。但是，我们内心往往还会感到愤愤不平，会觉得凭什么好人都让我做，委屈都让我受。但是想想徐长今，她一辈子都在吃亏，走到哪儿都是别人欺负她。可是她把所有的本事都学会了，最后成为朝鲜首位女御医。

短期之内看世界，你会觉得社会规则在起作用：这个人是领导派来的，这个人家里有钱，这个人怎么怎么样……把眼光稍微放长远一点，不用太长远，五年就够，五到十年，自然规则一定起作用。**春天播种，秋天才会有收获**。你要相信自然法则是在长期之内起作用的，这样你内心就不会那么焦虑了。

不希望能力强的下属过得好，怎么办？

提问

下属能力强、资历老，但不服管，所以我不希望他过得好。但在一个团队里，我们又不得不合作，我很痛苦，怎么办？

那你就活该吧。

这种不希望下属好的领导，格局也就这样了。如果你希望扩大自己的格局，你就应该希望下属好。**因为管理者的任务就是提高员工的水平，帮助员工成长。你能够培养多少人，决定着你自己有多成功。**如果一个管理者希望自己的下属永远都不如自己，没有自己干得好，没有自己挣得多，那他管的团队只会越来越小、越来越糟，最后被淘汰的不是他的下属，而是他自己。我希望你改变自己的价值观，不要有如此卑劣的想法。你应该多去检讨，为什么自己不能容忍别人比自己强。你现在的这种想法会严重阻碍你的发展。

中国古人讲，"用师者王，用友者霸，用徒者亡"。你能用"老师"一样的下属，你的员工比你水平高得多，就像刘邦用张良那样，你就能够当王；你能用"朋友"一样的下属，像曹操用郭嘉那样，你就能够称霸；最糟糕的是用奴才一样的下属，下属都唯你马首是瞻，那你就危险了。

不要担心有一天下属会踩到你的头上,因为你活在世上的每一天,就算没有下属踩在你头上,还是有其他人踩在你头上。总跟别人比排行,不累吗?你最需要在意的是,你有没有进步,你为这个社会做了什么贡献。

应该对员工毫无保留吗？

提问

很多企业老板都有一个顾虑：如果普通员工或中层员工掌握了领导力的精髓，就有可能另起炉灶跟我抢生意，怎么才能避免这种事情发生？

有些企业老板整天顾虑这个，顾虑那个，其实就是自私。

想想当年你是怎么创业的，难道不是脱离了上一个老板跑出来创业的？你既然可以这样做，凭什么别人不行？凡是这样想的企业老板，其事业都做不大。现在的市场是全球化的，你希望你的员工只会执行，不会管理，同时又想把公司做大，可能吗？更重要的是，员工根本就不是你的私人财产。员工是独立的人，你凭什么遏制他的发展？你这样遏制他，他又不傻，立刻就能感到自己"所托非人"，或另谋高就，或工作动力不足，最终还是你自己饱尝恶果。

实际上，**一个了不起的企业首先看重的一定是员工的成长，员工有创业的动力，有成长的愿望，他才能更高效地去工作、去生活，才能给你创造更多的价值。**

我们对企业的认知层次不能太低，不然就会发现自己总是局限在小作坊里，走不出来。

怎么才能当甩手掌柜？

提问

我开了三家提供零售服务的店铺，但平时也就是个甩手掌柜，在管理上比较松散，这导致一家老店的业绩有所下滑。因此，我想请您推荐几本与股份、分红相关的管理类的书。

个体经营者想要什么？想要不操心，还能赚钱。怎么才能实现不操心还能赚钱呢？给员工分股份、分红，你的店铺管理就可以实现自驱动了。不可能的事。"分红打天下"的方法根本就不管用。如果你靠分红把员工激励起来，将这家店经营得很好，那他就会想，他自己干也会干得很好。分红多少算够？对他来讲，百分之百的利润才是满意的。

如果没有秘密，一个公司就算再能自驱动，也是造出来一大堆垃圾，因为它本身并没有独特的创造。我之前写了一本书叫《低风险创业》，但是，低风险创业不代表不努力，不是"好吃懒做就能赢"。

每一个了不起的公司，一定都有自己的秘密。优衣库为什么能够一家又一家地开店，就因为它能做到货品又好又便宜。秘密就是公司的护城河,没有秘密的公司,做再大都赚不到钱。

不要老想走捷径,要用心经营,打造出一个秘密,这个秘密是你的公司区别于别的公司的护城河。

别老想着做甩手掌柜了,使点劲儿,上点心吧。

老板和员工称兄道弟,却被索要特权,怎么办?

提问

我一直坚信,自己可以和同事们成为好朋友,所以我和员工私下里关系都比较好,称兄道弟的。但是,有些员工却因此在工作中"搞特权"。如果我同意了,公司的规章制度就受到了挑战;如果不允许,我们之间的关系就会受到影响。怎么更好地处理这个问题呢?

孔夫子讲,"君子群而不党,小人党而不群"。如果你需要用给特权的方式来交朋友的话,交到的朋友也是小人。如果你能够做到"群而不党"——我们是一群志同道合的人,但不需要结党营私,团队的氛围会更好。

《联盟》里说,千万不要把公司做成一个家庭,同事彼此都是朋友。这样的话,公司就没法做了。为什么?因为朋友和家人是不能开除的。所以,如果你把自己的企业文化打造成了"哥们儿文化""家庭文化",不管是你开除员工,还是员工离开你,对双方都是伤害。同时,在这样的公司里,没有是非,没有标准,企业文化非常糟糕。

公司应该被打造成一个球队。当公司是一个球队的时候,你会发现，所有人的共同目标只有一件事——赢球。如果你妨碍了我赢球，对不起，你得离开。如果你支持、帮助了我赢球，我们就是亲密的队友。这时候，整个公司的氛围就是对的。在这种状态下，你开除一个员工，或者某个员工离开，对公司来讲可能是一件正向的事，而不是一件负面的事。这才是经营公司的做法，而不是一群哥们儿在一起，你给我面子还是我给你面子，你听我的还是不听我的。

因此，好的管理者要做的最重要的事，就是打造公司内部的一致性。CEO（Chief Executive Officer）不只是首席执行官，还是首席解释官，他需要不断地向员工、客户、投资人等，介绍公司的理念是什么，公司要做什么。

员工其实是我们的投资人。他们虽然没给我们投钱，却投入了他们的青春、才智。如果你视员工为投资人的话，就要做到一件事：对投资人负责。什么是对投资人负责？你要确保他们在你这儿工作了三年以后，成了一个更好、更专业的人。所以，你对他们要求严一点、高一点，不是什么坏事，你是在对他的投资负责。

如果想了解更多这方面的内容，不妨去读一读这两本书——《联盟》和《商业的本质》。

如何提高应届生员工的稳定性？

提问

因为行业性质，公司会大量雇用应届毕业生。他们都有一个特点：选择一样东西特别容易，放弃也特别容易。他们大多抱持"世界那么大，我想去看看"的心态，工作稳定性较差。请问怎样才能维持应届毕业生的工作稳定性？

这方面的理论我没有认真研究过，只能从实践的角度来说一说。

我们公司的应届毕业生，甚至实习生，都挺稳固的。我们的很多员工是在大三实习时就进入公司的，一直干了五六年。

这些应届毕业生想去外面看一看，不是因为外边的世界多有诱惑力，而是因为眼前的工作特别无聊。如果你能够让他们通过眼前的工作看到整个世界，他们不就留下来了吗？所以，你要想想看，你是不是真的替这些员工着想了。**如果我们能让员工意识到，这份工作就是他走向社会的阶梯，是他了解大千世界的一个切入口，能让他知道自己三年、五年以后会成为什么样的人，他个人的目标才会跟公司的目标绑定在一起，这时他的稳定性自然会提高。**

所以，问题根本不在于员工说的"世界那么大，我想去看看"。这句话不是独属于应届毕业生的，80岁的老人家也会这么说。只要一个人觉得眼前的世界无聊，他就可能会说这句话。不要把这个标签贴在应届毕业生的身上，不要试图用合同条款来控制他们，多去想一想有没有什么方法可以提高公司的黏性，比如可以游戏化地去设计工作流程、反馈机制等。

在《可复制的领导力》中有一章提到"游戏改变领导力"，其中最重要的思想来自《游戏改变世界：游戏化如何让现实变得更美好》这本书。工作其实就是一个游戏，只不过有的设计得比较差，有的设计得比较好。你可以把自己的游戏设计得更好一点。

虽然因为行业问题导致离职率高，但也有两个办法来解决。第一个办法，如果这个工作只需要一双手，可以换机器人来做。第二个办法，尽量缩短培训员工的时间，比如说麦当劳的员工流动性非常大，但是没关系，因为一个小时就能培训出一个合格的员工。麦当劳永远都在招店员、店长，人来了很快就能上手操作。

你把员工的离开视为一种常态，设定一个机制来应付这种常态也是可以的。无论怎样，我觉得尊重人的发展是所有企业都应该去做的。

很多时候，
就是因为我们老想让自己心里舒服，
而不是考虑对方到底要什么，
才做出了很过分的事。

幸福感绝对不是来自外在条件，
而是取决于你
是否拥有感知幸福的能力。

第三节 问生涯

如何对单调重复的工作保持激情？

提问

"樊登读书会"做了这么多年，您每个星期都要讲一本书，在这种情况下，您现在还能保持对读书的兴趣吗？还是因为工作需要，才不得不保持这个习惯？我做每一份工作都是因为我曾经非常热爱它，但是做到一定职位或掌握了一定技能后，慢慢地，我就会觉得这件事变成了一个负担。如何才能保持对工作的激情呢？

这是一个很好的问题。你们都特别担心我被读书绑架，成为一个为了读书而读书的人。

其实还好，阅读至今依然是我最大的兴趣。我最近在读《德国史》。这本书肯定不会放在讲书书单中，但是因为喜欢，我就读了。读完了觉得很有收获，不讲也没关系。我也不会为了收听率而读书。很多人说我们亲子类的书收听率高，要我多讲点亲子类的书。我并没有这样做，因为现有的已经够了。如果你读了二十多本亲子类的书还不能做一个好父亲或好母亲，那肯定不是书的问题，而是你的问题。我还是会去选择读那些有趣的书，比如《有限与无限的游戏》《基因传》等。

我并没有为了取悦用户去改变自己的阅读习惯，相反，因为不断地进步和拓展，我和用户会达成双赢。大家会看到，樊老师读的书还挺有意思的。

如果你学不会对同一件事保持持续的兴趣，最终所有事情都会让你腻烦的。老穿一样的衣服，你不腻吗？总跟同一个男人生活在一起，你不腻吗？总是走同一条路线上下班，你不腻吗？能不能从平淡中感受到喜悦、从生活中发掘美好的能力才是最重要的。

如果连读书这么有趣的一件事都变成我的负担，天天抱怨"又要讲书了，烦死了。找本最容易的赶紧读，读完了，赶紧讲"，那我的生活会变得非常无聊。好在我已经拥有了从平淡中发掘美好的能力，总能不断发现出乎意料的书，所以读书并没有成为我的负担。我是怎么做到的呢？我总会给自己留出很多富余的时间，从容地去选择自己想读的书。

老客户让我当商业间谍,我该怎么拒绝他?

提问

我有一个客户,近期业务拓展,要开发一种新的模式。他知道我有个朋友在做这一行,就想让我去做商业间谍,去打探人家的商业模式,给他借鉴。但我很不愿意,他就用"我们合作这么多年了,关系这么好"来压我,搞得我左右为难。领导还给我压力,说不能和客户弄僵关系。我要怎么做才能既拒绝他,又不得罪他?

这是相当考验价值观的问题。我推荐三本书给你。你可以先对他表明态度:"我去跟朋友聊了,人家保密,所以我帮不上太大的忙,实在是不好意思。但我帮你找到了一些公开资料,樊老师讲过的《共享经济:重构未来商业新模式》《低风险创业》《反脆弱》,你都可以听一下。"你把这三本书推给他,肯定比他去模仿别人的商业模式要强得多。与其给他偷一个商业模式,不如告诉他怎么创业。

靠商业模式成功的公司,如果没有秘密,最终还是赚不到钱。一定要靠自己不断地摸索出一个秘密,并且有持续打造秘密的能力,公司才能发展得好。你能轻松地拷贝别人的商业模式,别人也能很轻松地拷贝你的商业模式,最后大家只能打价格战,谁也赚不到钱。

面对客户的这个要求，选项如果只有"打"或"逃"，说明你自己害怕了。人一害怕，就会失去灵活性，原始的自我保护的动力就出来了。是得罪他，还是帮着他做坏事？好像只能二选一。不是的，还是可以有第三个选择的。你的底线是不能卑劣地去偷别人的东西，但你也不能让客户觉得你根本就不关心他。我们讲过很多跟沟通有关的书，比如《掌控谈话》《关键对话》，每本书都带着方案，都会解决问题，都能让你跟别人沟通时不吃亏。

最后再强调一点，**你的客户是否认同你，不取决于你对他的态度，而取决于你对他有没有价值。**如果你有足够的价值，你骂他，他都跟着你。所以，提升你的价值，提高你的知识含量、技能，才是你在本行业里持续走下去的王道。

工作多年被公司开除,如何扛过去?

提问

我是一个曾在世界五百强企业里服务了二十年的普通员工,因为行业不景气,公司在未来的一到两个月内会紧急裁员50%,且被裁的大都是40岁左右的技术工程师。虽然公司有适当的补偿,但人到中年再就业,前景似乎不太乐观。因此,我们中的很多人产生了负面情绪,甚至做出了一些非常负面的行为。如果您是我们这50%中的一员,您会如何克服这方面的焦虑?如何规划未来几十年的人生呢?

被裁员,放在西方世界,那可是了不得的事,那些被裁的人的家庭可能会因此而乱成一锅粥,而在电影《在云端》里,有些被裁的人甚至会采取极端行为。

这就是我以前讲过的"火鸡效应"。《反脆弱》里讲了,老板每天给你发工资,你觉得老板很爱你。这就像一只火鸡一直被主人投喂,直到感恩节来临,它要被做成火鸡大餐,才知道"完了,人生就此结束了"。

我一直认为打工比创业的风险大,其实就是这个原因。我们能看到,这个世界的经济在不断地向好的方向发展,但我们也要承认,它在发展过程中也震荡得厉害,一定会牺牲掉很多人。再加上人工智能的引入,有些行业对人的需求量会变得越来越少,因此这类行业的失业者也就会越来越多。所以,**我们不要把自己的人生变得特别脆弱。**

希望大家理解:**风险和收益之间永远都有一个最大的变量——能力。**对于能力强的人来说,只要能解决掉风险,风险就不大;对于能力弱的人来说,做任何事,风险都很大。不如潇洒一点,把被辞退视为提升能力的契机,不要老想着靠着原有的一点技能混饭吃,这是非常危险的。大家决定这件事能不能做的核心,是它对未来的发展有没有帮助,这样一想,问题就简单多了。

只会考试，未来该怎么办？

提问

我现在大学毕业不久，之前大学四年主要是在打游戏。现在突然发现，跟我一起打游戏的朋友，不知道什么时候已各有归属。朋友的建议是，女人最大的事业就是婚姻，青春就是最大的竞争力，趁着正年轻，要把相亲日程给排满。父母现在很后悔，觉得对我的教育是失败的，只关注我的成绩，还说如果我以后生了孩子，一定要从小就开始培养各方面的能力，不要像我这样，似乎只会考试。我也确实如此，只会考试，所具备的也就是应试技巧。这样的我，未来到底该怎么办？

确实有很多只会考试的人。我认识一个小女孩，就像你这样，一直过得浑浑噩噩，不知道该干吗。有一天她突然想创业，因为喜欢吃各种梅子，她就去联系了很多厂家，开始搞"梅文化"。现在她已经在各处开了很多店，从这件事里，她找到了乐趣。所以，世界这么大，你还这么年轻，现在就说对什么事都没兴趣，我感觉有点为时过早。

现在你和你父母都认识到了之前只注重考试、只看成绩的错误，这就是一个很好的改变契机。兴趣是可以培养的，方法就是，找到一件事深入进去，只有深入进去，你才能越来越有兴趣，浅尝辄止最后只会觉得百无聊赖。做这些事并不妨碍你相亲,你可以一边努力工作或创业,试着去发挥自己的能量,一边寻找合适的对象。我不知道你有没有看过《活出生命的意义》这本书,如果没有,建议你去读读看。读了它,你会发现,最终能给我们带来兴奋感、带来持续幸福感的东西,是我们所找到的自己生命的意义。

打游戏为什么不能满足你?因为在游戏里,你除了得到级别、装备那些"分数",没有得到更多的意义,你成了游戏开发商赚钱的工具。所以你要醒过来,看清楚游戏是虚假的,打游戏是没有意义的,然后尝试着去做一些能够让你感到有意义的事。**多多尝试,不断地试,直到找到一件能让你心潮澎湃并乐此不疲的事,那就坚持做下去,或许那就是你生命的意义所在。**

想转行卖保险又怕丢面子，应该怎么办？

提问

我们或许有意无意地都会给自己立个"人设"，进而被这个"人设"束缚。但是如果完全没有"人设"，把自己最真实的一面展现出来，是不是又会给自己带来一些不好的影响？比如，我之前是做广告的，现在想转行去卖保险，但是我又担心我之前积累的那些资源、人脉会因此看不起我？我应该怎么办？

给你推荐一本书——《有限与无限的游戏》。书里讲到，"无限游戏"的玩家们永远都不会去过"剧本化的生活"，而是过着"传奇化的生活"，而"有限游戏"的玩家，永远都在过"剧本化的生活"。

当你给自己设定一个确定的人设，告诉自己和别人"我是一个什么样的人，我应该怎么表现"时，你就是在过典型的剧本化的生活。当你像苏东坡一样，今天被贬到黄州了，在黄州生活很开心，明天被贬到惠州了，在惠州生活也高兴。"我"随时可以变成农夫，变成中医，变成书法家，那就是在过传奇化的生活。

孔夫子早在两千多年前就说过，"君子不器"，翻译成现代话就是"人不要为了人设而活"。从"我要把自己变成某个容器，硬钻进某种

'人设'，我成功了"到"我就是一个这样的人"，你是为了谁呢？我们脑子里整天想着"别人会怎么看我，怎么说我"，但其实真正关心你转行换了工作的人可能都不超过三个：你爸、你妈、你爱人。除了他们，别人根本不关心。其他人最多可能会在见你的时候随口说句：你现在干这个啊，挺好的。因为这件事跟人家没有任何关系。但是你可能会觉得失落难受：这个人脉又消失了。

如果你只想生活在自己过去的存量中，那生活中的任何改变都是痛苦的。

很多年轻人曾经问萨特什么是"存在主义"，还问他"我很迷茫，不知道该怎么做，未来该干什么"，萨特就回答了三个字"去创造"。你可以思考一下萨特说的这句话。你的人生是你自己创造出来的结果，跟其他人没有任何关系。像我投资做蛋糕店，其他人跟我说："樊老师，你别老提这个。"我问为啥，他说影响我的形象。我说："投资蛋糕店挺好的呀，怎么就影响我的形象了呢？"他说："你是个读书人，不要把'读书人'这个人设给打破了。"我说："我不，我的人生就是喜欢干啥就干啥。"

我们不需要为别人的眼光而活，只需要保证自己每天都在进步。想换行，你就大胆去换吧！

想换行，又担心陌生的专业隐藏着巨大风险，该怎么办？

提问

我工作了近三年，感觉在现在的单位既赚不到多少钱，又得不到成长，我想改变。但是，社会上很多行业都是我未曾涉猎的，我担心换行会有很大风险。我是学金融经济的，换行的话，我不知道自己是否能适应其他行业。

现在很多人找工作都在跨行转专业。你去把任何一个公司老总拉出来，问他是不是学企业管理的，我相信大概百分之九十都不是的。我大学学的是金属材料及热处理专业，但我从来没有干过专业对口的工作，我毕业后就去电视台做节目主持人、当记者，现在讲书，讲心理学和各种各样的知识。都是学来的嘛。

你要向埃隆·马斯克学习，他敢于开除他的会计，说："你走吧，会计的活儿交给我！"当天晚上他就自学会计知识，自己把公司的会计事务顶起来了。你要连这点气魄都没有，我觉得你需要好好锻炼的是勇气，而不是纠结能否适应其他行业。

如果你真的想探索一个新的领域，有很多种方法。我推荐你阅读

《低风险创业》,想办法去寻找一种低风险创业的方式。同时,还可以读一下《离经叛道:不按常理出牌的人如何改变世界》。这本书很重要,书中提到优秀的创业者是善于平衡风险的人。

你有很多种机会去尝试新的路径,该做什么就去做。**如果你总是在害怕,不愿意自己迈出第一步,而是希望其他人把你踢出去,人生的可能性就是有限的。**核心是,你要提高责任感,人生掌握在你自己手上。有的人会归咎于自己学的专业:"我学的专业不好,都是爸妈让我学的。"……不打开这个心结,其内心可能就会有一种潜在的阻力:不希望自己的日子过得好。因为只有他的日子过得不好,他才能证明爸妈当年错了。

任何抱怨、责备、追悔莫及,都会让你停留在过去,止步不前。你当年选择了听爸妈的话,学了不喜欢的专业,现在你依然有能力选择让生活变得更美好,你的人生永远都是自己选择的结果,跟你的爸妈没有关系,跟你的老师也没有关系。你反而应该感谢他们赋予了你技能,挑战了你的大脑,让你学会了很多非常难的东西,而正是这些,让你能够立足于世。

如何拥有"睡后收入"能力？

提问

我现在面临一种状况，每次工资到手，还完信用卡、交完房租之后，就所剩无几了。有个词叫"睡后收入"，我身边也有这种有"睡后收入"的朋友，他家里有好多套房，房租就是"睡后收入"。我也想有"睡后收入"，那如何才能拥有这种能力呢？

"睡后收入"不是靠"收房租"实现的。收房租不算什么了不起的本事，你应该考虑的是别人怎么能买那么多房子，这个过程是怎么发生的。钱不可能凭空掉下来，我们需要有赚钱的能力、理财的能力。

赚钱和理财是两件事。工薪阶层想获得更高的收入不是一件容易的事。我过去也是工薪阶层，每个月就那么多工资。在这种情况下，一旦发生什么动荡，比如公司经营状况不好或者操作项目裁撤了，你可能就没有收入了，压力真的很大。所以你不能停止折腾。比如，J.K.罗琳坚持写小说，最终写出了《哈利·波特》，版税可谓源源不断，成了全世界最有钱的女人。刘慈欣，一边上班一边写《三体》，现在《三体》已经成为国内乃至国际科幻小说的标杆。我在讲书后摸索出了"知识付费"这种模式，只要我讲书的内容不断地在播出，我就会不断地有收入，不管我是不是睡着了。所以，你得从收益模式上去思考人生。

边际成本太高的收入，不叫"睡后收入"。上班的边际成本就特别高，每个月要想赚一万块钱，得花三十天。所以你要去想，怎么做出一个东西，不仅有收入，且边际成本低。这就是打造"睡后收入"的过程。

巴菲特和查理·芒格都说过，这个世界上最可怕的事就是复利，复利是比原子弹还要可怕的事。巴菲特和查理·芒格的投资年化收益率也就是 19% 而已，只不过他们坚持了五六十年，就成了世界首富。为什么现在大力鼓励大众创业？如果你不创业，你就永远是在拿自己的时间去换钱，但一个人的时间毕竟是有限的。

你必须做出决断，思考一下，能不能找到一个创业的方向。趁着年轻，学习一个新技能，琢磨一个新商业模式，搞一搞创业，我觉得完全没有问题，慢慢探索嘛。在创业的过程中，你要牢记《离经叛道：不按常理出牌的人如何改变世界》这本书里讲的：学会脚踩两只船。我并不是劝大家都去挖自己公司的墙脚，一个有创业精神的员工会给公司做出更大的贡献。如果我们公司有人要创业，我都会说：你先别辞职，在公司先干着，下班的时候去试，试成了再辞职，这样你的成功概率会更高。所以，我建议大家可以白天好好上班，晚上去研究一个项目，看看能不能带来"睡后收入"。**"睡后收入"不能靠突发灵感，而要靠不断地摸索、打拼，找到正确的方向，寻找边际成本更低的收入模式。**

搭档不敬业，怎么办？

提问

我是一名杂技演员，我跟我的搭档已经合作五年了。我们一起注册了一个公司，但我感觉我们现在完全不同频。杂技是一件需要投入很多时间的事。我想有自己的作品，便把工作当成事业来做。但我的搭档似乎不这么想。他有两个孩子，一般有演出时才出来，没演出就一直待在家里。我越来越感觉我们俩根本就没办法一起合作。一想到这个问题，我就好焦虑。

演员需要有自己的作品，留下一些经典的代表作品，就是演员的追求，因此我特别理解你的焦虑。

对于创业，有一点你一定要想清楚。靠一场一场演出迈出创业第一步，赚第一桶金，这是没问题的，但是这个模式的边际成本太高了。每挣一次钱，你都需要去演出一次，不去就挣不到钱，这很难做成公司。要做成公司，你必须得想办法降低边际成本。

降低边际成本有这么几个方法。比如说教学，你们可以创造一套课程，教小朋友提高柔韧性、做拉伸，帮助他们获得更好的身姿。用这套课程招生，教小孩，这和一场一场演出就不一样了，赚的是稳定的钱，可以做公司了。还有一种更厉害的，你能不能把自己打造成某一个形象，或者说，具备某种特征的 IP 符号？比如前段时间有个西安女孩特别红，她就站在不倒翁上，脚下其实就是一口锅，这个不倒翁女孩把一家锅厂都救活了。好多人学她在脚下放一口锅，站在上面像不倒翁一样跟人握手。她红得不得了，把西安的旅游都带火了，这就是典型的 IP 化。现在这个不倒翁女孩的衍生品都出来了，手帕、玻璃杯什么的都有。你本来是一个杂技演员，结果变成了一个 IP，就可以赚这个 IP 的钱。

现在的短视频平台其实给艺术工作者开拓了一个很大的天地。有的女孩在家里练一字马、练体操动作都有人看。如果你把自己当作杂技演员，大家对你的要求会特别高，会觉得"你还不行""你这还不算最厉害的"。如果你把自己当作一个普通的小姑娘，这就超厉害了，比别人厉害得多。你可以找到一个落差，把自己打造成某方面的 IP。创造力、想象力很重要，把你身上的美好、功夫、特质通过短视频表现出来，这才是创业的方向，这种情况下有没有那个搭档其实并不重要。

你不用跟搭档说不再跟他合作了，你只要告诉他：我现在要做一些事，你要愿意做，咱就一块儿做，你要不愿意，我就自己做。他不来你就自己做。做完了，知识产权是你的。大家认识你，不认识他。当你和他的差距拉得越来越大的时候，其实什么话都好说了。现在只是因为你俩的差距还不够大，所以看上去互相依存，谁也离不开谁。

一辈子走过来，总得换几个搭档，这是正常的。

"咱俩一起饿死吧"，这种情况下两人的关系肯定是非常要好的。但是，何必要一起饿死呢？你该进步就进步，看到了你的进步，他也可能会被触动，此刻他只是还没看到。

职场上不想跟人争,又怕吃亏,该怎么办?

提问

生活中我特别不擅长和人争辩,因为我看到别人争辩得面红耳赤、动作变形、丑态百出,感觉特别不好。但是现在我开始管理团队了,我是做创意产业的,有很多工作边界其实是模糊的,如果我不能掌握谈判的能力,工作就会越来越多,我的小伙伴也会越来越累。所以我想请教您一下,怎么能够提升谈判的能力?

不和别人争辩,其实未必是坏习惯,反过来,它很有可能会让你更容易带好团队。管理者就是要通过别人来完成工作的。如果管理者特别喜欢跟下属争辩,让下属完全按照你的想法去工作,最终下属会丧失动力,慢慢变成你戳他一下,他就动一下。你使的劲大,他多跑一点,劲小他就不做了,最后你会非常累。这是普通人进入管理岗位后最常遇到的状况。如果每件事都需要你去说服别人,你的工作会变得越来越困难。

彼得·德鲁克讲过一句话,我在管理工作中最常用到。他说,**管理的核心是最大限度地激发他人的善意**。你想想看,如果你真的口齿伶俐,一天到晚跟别人辩论,遇到什么事都面红耳赤地去争,还总能赢，你这个人该有多讨厌？这时候，员工的恶意都被你激发出来了，他每天想的就是"这个老板好难搞。这个老板找我来，又不听我说话，完全把我当机器人"。

在我们从事的很多工作中，尤其是文化创意工作，员工本身的主动性、参与感、责任感特别重要。要调动他们的主动性、参与感、责任感，最有用的方法就是倾听、提问、辅导，这样员工会成长得很快。你也不用担心他会超过你，因为他成长时，你也在跟着一起成长。所以，作为管理者，你最重要的责任是启发员工，鼓励他，发掘他，培养他。

很多书都是解决这个问题的。比如，《高绩效教练》教给我们通过提问的方法启发员工，让员工找到解决问题的动力和思路。它还提出了GROW谈话法：G是目标（Goal），R是现状（Reality），O是选择（Options），W是意愿（Will）。使用GROW谈话法，你可以让员工自行找到问题的答案并确定行动方案。《掌控谈话》的核心是共情和倾听，它告诉我们，怎么做能让别人开心地跟你聊天，并让对方感觉一直是他在把控谈话进程，从而最终让双方的意愿达成一致。《关键对话》这本书能有效帮助我们更好地倾听。倾听的核心是提问，学会正确地提问，才能让对方敞开心扉跟你聊天。当员工能和你敞开心扉地沟通时，员工才会有参与感，才会自动自发地去工作。

老板加薪很爽快,为什么还是招不到人?

提问

公司每次招聘新人,面试阶段聊得都非常好,公司的待遇和其他方面的条件也都很符合应聘者的要求,尤其在工资方面,我们经常会在应聘者的期望值上多给一千或两千。但是等打电话通知应聘者上班时,他们却爽约了!这种事多次发生,我们找不到原因,就想请老师指点一下。

有人讲过一句特别重要的话:招聘时,千万不要把公司描述得太好。许多招聘专员犯的最大的错误,就是招聘时对应聘者承诺"咱们公司很棒""福利待遇特别好""你想加一两千块钱?没问题"。用这种方式,你会招来一群什么样的人?你会招来一群好吃懒做、天天梦想"位高权重责任轻,钱多事少离家近"的人。他们是冲着你给的一线城市户口来的,冲着"离家近"来的,冲着"高薪、高福利"来的,结果进到公司,竟然要他加班,竟然让他承担重任!他的工作状态越来越不好,最后只能离开。

所以,招聘专员千万不要把公司描述得太好。相反,一定要告诉应聘者,工作很难做,压力很大。外人都以为"樊登读书"赚钱很容易。哪那么容易？累死了！我们也加班，我们也很累。但是，我们在一起做的事，就是要改变世界。你要不要一起来？你要招的，必须是愿意跟你一起改变世界的人。

乔布斯当年更绝。在乔布斯组建苹果公司的时候，市面上哪有这么多商业理论？当时，惠普、摩托罗拉是最火的公司。乔布斯的原则是，他要从惠普挖人，给人家的薪水只是惠普的五分之一。一件特别有趣的事发生了：乔布斯去挖一个比自己还大几岁的惠普高管来做自己的副总裁，当时这个高管并不想去，毕竟薪资跟惠普比低太多了。结果，有一天早上，那个人一打开房门，乔布斯就站在门口，问他："你准备好改变世界了吗？"这是原话，乔布斯当时就是这么说的。他当然回答："我没准备好。"乔布斯就说："那我进来跟你聊聊。"乔布斯进入他家以后，把一台 Mac Air 电脑放在桌上，喊高管的儿子来玩。大家记住，那是 20 世纪 80 年代，很多孩子根本没见过电脑，更不要说会玩了。但是，那个孩子很快就会玩了，玩得还很开心。乔布斯就对这个高管说："你看到我们的电脑对孩子的影响了吗？将来这个东西，每个家庭都要有一台，你要跟我一起做这件事。"接着，他就对孩子说——实际上是说给他爸爸听的——"如果你爸爸同意跟我一起改变世界，这台电脑就是你的了。如果他不同意，我就要把它带走。"那位高管最终成了苹果的副总裁。

招人，一定要招有热情、有理想、能跟你一起改变世界的，而不是招那些把眼光放在待遇、薪资上的。所以，你们的问题根本不在于那些人，而在于你们自己缺乏感召力和理想。你有没有想好你的 MTP（Massive Transformative Purpose，宏大的变革目标）？你想过要为社会解决什么问题吗？还是你只想多赚点钱买套房？这是完全不一样的出发点。没有人愿意为老板买房打工，人们只愿意通过打工实现自己的理想，提高自己的能力，为这个社会贡献自己的价值。如果他为你工作一段时间后，想要自己出去创业，你还要很开心地欢送他，这才是一个好的企业。

此外，我推荐你读一下《联盟》《指数型组织：打造独角兽公司的11个最强属性》《哈佛商学院最受欢迎的领导课》这三本书，读完它们，你对招聘会有更深入的理解。

任何抱怨、责备、追悔莫及，
都会让你停留在过去，
止步不前。

我们和其他人比起来，
在智商上没有多大差别，
千万不要觉得你是公司创始人，
就比别人聪明了很多。

第四节　问创业

总跟合伙人吵架,如何处理跟合伙人的关系?

提问

我有个问题,前两天我跟一个合伙人吵架了,现在我们还没有和好。我想问下,在商业合作中,处理好跟合伙人的关系有没有什么好的方法呢?

你说话的语气,让我觉得你不是跟合伙人吵架,倒像是跟男朋友吵架。我们跟合伙人吵架,都是为了事,坦诚地跟他谈就好了。跟合伙人相处,不要那么别扭。搞清楚,你们是合伙做生意,不是在谈恋爱。

《关键对话》这本书告诉我们,当有问题需要沟通时,你就对对方说"咱俩需要聊一聊",然后在对话中控制好对方的情绪,塑造共同目的,最终解决问题。控制对方情绪的方法,第一个是你要学会道歉,第二个是你要学会观照他的情感——我知道上次那件事,确实让你觉得很不受尊重,在这一点上我的处理是欠妥当的——表达出你的共情和理解,不断地塑造共同的目标,鼓励对方参与到谈话当中来,一起来解决问题。

再高级一点的话,你可以用《非暴力沟通》里介绍的方法,核心就是你要听出他每一句话背后的需求。有时候人们会说很多生气的话、不负责任的话,这些话的背后一定都有一个需求,一定是他的某个需求没有得到满足,他才会说这些话。**如果你能够准确说出并尽量满足那个需求,你们的矛盾就会消失。**因为你们俩的本质利益是一致的,都希望公司做得好,那你俩本应该相亲相爱,非常团结才对。但是,我们在生活中经常会看到本质利益一致的合伙人却吵架吵得很厉害,核心原因就是,他们没有听出对方话语背后的需求,而只是关注自己的需求,说"你不给我面子,你不尊重我,你不怎么怎么样……",从而无法针对实质问题展开深入探讨。

我们跟合伙人老吵架,原因就在这儿。

内容创业者不懂营销，怎么办？

提问

我原来是公立学校的老师，在教了22年学后，我从公立学校出来，开发了自己的教育品牌。但是，我知道，这只能影响一小部分学生，现在我想像樊登老师那样，去影响更多的人，却不知道该怎么入手。

对内容创业者来说，你首先得做出一个MVP，也就是最简化可行性产品，这个不需要投太多钱。产品做出来以后，你看一下你的价值假设，看看有没有人愿意为这件事买单，接下来你要看下这件事的增长假设：它能不能让你的学生从10个变成20个，如果能的话，需要多长时间？从20个学生变成50个学生又需要多长时间？这件事能不能实现快速增长？假如您做的这件事必须得亲自带班，要再开一个班，您就得加班，那就说明它是很慢的，有瓶颈的，不符合增长假设。

但是，如果这个MVP带好了，口碑相传，一个学生给你带两个新生，下一周你的学生就多了两倍，再下一周再翻一番，很快你就能招到七八十个乃至上百个学生，这就符合了增长假设。如果价值假设、增长假设都能实现，你就可以去融资，或者不融资直接开始招生，有人帮你一起经营，把事业逐渐做大。

您问题的核心不在于传播技巧，所有传播技巧都没有内容本身重要，内容本身只要足够好，一定会带来广泛的传播。内容不好，仅靠传播技巧，虽然可以在短期内飞快传开，但是倒下来也飞快。

所以，我的建议是，您先好好地去把内容打磨好。你很难去问别人：你需要我给你提供什么样的教育形式？因为他可能并不知道。你必须去观察他们，站在他们的角度来发现他们的需求，而这要求你有共情的能力。**一个人的共情力越强，越能够理解他人、感知他人，就越容易设计出良好的产品。**

我推荐你去读一读《低风险创业》和《精益创业》，对你会有很大的帮助。此外，在推广方面，我建议你可以读一下《吸金广告》和《疯传》，这两本书是我的看家宝书。《吸金广告》告诉你怎么能写出好的广告文案，《疯传》教给你传播的基本原理和方法。如果你的公司只需要做宣传，那你们就太幸福了。因为大多数公司是既不知道怎么做产品，也不知道怎么去宣传，更不知道怎么开发大客户。

没钱没人脉,创业被人嘲笑怎么办?

提问

我今年 21 岁,是一名在校大学生。我给自己的定位是半个创业者。我打算做青年旅店,想用自己的理念做出一个品牌。我现在有一些计划,也在落实一些计划。但我现在面对的最大问题是,我生活中充斥着一种声音:你是一个 21 岁的年轻人,你没钱、没资源,凭什么去做这些?这种声音有的来自我的长辈,有的则来自电视、文章或其他渠道。有些观点说,在这个全民创业的时代,年轻人有什么优势?除了年轻,还有什么?我无法屏蔽这些声音,无法做到不去理会那些声音,因此我现在负面情绪特别大。

其实你是自己吓自己。因为心虚,所以急需得到外界的肯定,希望更多的人给你打打气。所有的案例都只是归纳法里的一个例子,无法完备论证这个世界。比尔·盖茨辍学创业成功了,不代表着你辍学创业也能成功。但是,那些反对你的声音也没什么科学性。21 岁没钱、没资源很正常,30 岁还没钱、没资源的也大有人在。所有人的钱和资源都是赚出来的,不是创业的时候天生自带的。

另外,有一个原理更重要:创业时,钱和资源根本不重要。我做

"樊登读书会"时没有投过一分钱，没有动用过任何资源。我没有说过"我认识某某某，所以我怎么怎么样"，就是凭真本事吃饭。你讲一本书，有人愿意买，就收他30块钱。你盖一间旅店，有人愿意住，就收他300块钱。钱和资源不是问题，你可以屏蔽掉这些声音。

至于大学生创业失败率为什么那么高，有一个非常重要的原因是学习太少，像比尔·盖茨这种人，他们上大学时就读了特别多的书。同样是年轻人创业，拥有大量知识的那个年轻人，创业的成功率会更高。创业需要知识，我给你推荐一本能帮你创业的书——《低风险创业》。

对你来说，核心问题是不要挣太小范围内的钱。大学生创业最容易挣校园周边的钱，但是挣这种钱很容易把你变成校园周边的二房东，最后毕业十年了，别的同学已经干了很多别的事，你还在这里收房租。因为你当年看到的就是这一小片市场，你没想过这件事没有拓展的空间。

选择一个行业，最重要的要看什么？第一，看这个行业的市场是不是足够大。如果整个市场的资金容量都不到十亿元，你不管怎么做，一年都只能达到一个亿，就到顶了。这就没有前途，也就没人会给你投资。第二，能不能把边际成本降到很低。比如开旅店，如果全靠自有资金去一家一家地买，你会发现永远赚不到钱。因为只要赚了钱就要开下一家，不断投资，停不下来，但是一旦现金流枯竭，这些旅店最后可能全都要倒闭。所以，必须找到降低边际成本的办法。第三，能不能打造出一个属于自己的秘密——你做出了一个品牌，但是别人很难模仿。好的公司，即便把自己的秘密摊开了给别人看，别人都模仿不来。就像海底捞，你都可以去参观他的后厨，但是如果你想开一家跟它一样的火锅店，那没门儿，你学不了。

所以，如果你能找到一个容量足够大、边际成本足够低、你又能摸索出秘密的市场，你就好好去做，没问题。不要自己吓唬自己，你身边可能没什么人嘲笑你，只是因为你内心不够自信，主动在接收那些不认同的声音。

真的不能和好朋友一起创业吗?

提问

我现在是跟朋友、同学一起创业的,且担任着领导职位。对于这种朋友、同学一起创业的情况,您有没有更好的建议?

送给你三句话。

第一句话,"君子周而不比,小人比而不周"。如果你听过我讲的《论语》,你就知道,你需要有独立的人格,在独立的人格上把大家团结在一起,而不是靠勾勾搭搭、拉拉拽拽,把一个团队绑在一起,这是"君子周而不比,小人比而不周"的核心。

第二句话,"君子和而不同,小人同而不和"。这句话的意思是,大家在一起可以和谐相处,却不需要完全保持一致。你跟我的想法不一样,我就认为你不可理喻;你跟我的想法不一样,我就要跟你吵架。这肯定不行。想法不同,但我们照样可以和谐相处。

第三句话,"君子群而不党,小人党而不群"。这句话更重要。有本书叫《笑傲江湖》,主角令狐冲的师父叫岳不群,金庸先生从名字上就告诉我们,这个人是个小人,因为他叫"岳不群"。

你跟你的好哥们儿一起联合创业,却不分边界,觉得大家是好哥们儿,就一定得是一派的,要互相支持——不管什么事情,你都得支持我,你怎么可以反对我?但是,如果明明是你不对,他为什么不能反对你呢?因为彼此是同学、朋友,你就要求对方总要跟你保持一致,哪怕你们在私下里吵翻天,但在公司里,在公开场合中,对方就是不能反对你,要互相维护,这都是"小人党而不群"的做法。"君子群而不党",就是"我们虽然是好朋友、好哥们儿,但是在意见不一样的时候照样可以讨论"。

这三句话在某种程度上可以视为建立团队的三个原则。如果你能把这三个原则吃透,并贯彻执行,那么你跟谁合作都是一样的。建议你好好读一读《论语》,其中蕴含着很多智慧之语,对你创业、与人交往都大有益处。

和同学、朋友共同创业的一个核心要点是,要尊重每个人的独立边界,不能因为感情好,就模糊了彼此的界限,要做好分工,相互尊重,如此才能长久友好地合作下去,否则最终只会分道扬镳,更有甚者关系破裂。

作为公司创始人，具体要干哪些活？

提问

您怎么定义创业者？在创业的过程中，您扮演的是什么角色？您和您的团队是怎样的相处模式？能不能分享一下？

首先我要强调的是，我的模式对你未必有用。人和人是不一样的，对我这个行业、我这个公司、我身边的那些人来说，我的模式恰好有用。所以，我的经验只能参考，不能复制。

我在团队中所做的最重要的事有三件。

第一是指明方向。在公司里，我是指明方向的人。"我们要用知识来为人和组织赋能"，这是我们的宗旨，我一直在说，走到哪儿都说，我向所有的员工解释，向所有的客户解释，在所有的演讲场合解释。"我们要带领3亿国人，每人每年读50本书"，这是我们的目标，是我们不断在倡导的。所以，大家觉得跟我在一起做事，方向是明确的。

第二是充分信任他人。在公司里，我始终相信他人的潜能。我是怎么做到这一点的？是被大量事实教育出来的。很多过去我根本瞧不上的员工，离开我们公司以后，有的自己创业，干得很好；有的去了别的公司，也干得很好。这就说明一件事，就是那些员工在我这个地方被委屈对待了。我根本没有把他们的潜能发挥出来。所以，我们要打心底相信他人的潜能。**我们和其他人比起来，在智商上没有多大差别，千万不要觉得你是公司创始人，就比别人聪明了很多。**当一个人的权力特别大的时候，其表现跟额叶受损患者的症状有点像，会突然觉得自己好像比别人都聪明一点，其实只是权力在膨胀罢了。你要知道你的员工可以做出比你聪明得多的决策，而且只有你的员工才原原本本地知道事物的原貌。作为一个领导者，你高高在上，视角本身就是变形的。所以，如果你觉得你每一句话都必须被尊重、被执行，团队才有执行力，那你的公司就很危险了。

第三就是不断地辅导他人成长。需要注意的是，这里有一个很重要的概念，就是"辅导并不意味着我比你强"。虽然我不比你强，但我照样可以辅导你。我会通过提问的方法不断地去提升员工的觉悟，提高他的自我认知，了解自我责任。一个人能不能把一件事干好，就这两个要素最重要：一个是自我认知，他清不清楚自己所在的环境如何，了不了解自己的现状；另一个就是自我责任，他知不知道这件事是需要他来做的。所以，我的任务就是告诉所有员工，这事需要你来做，你是这方面的专家，你来问我怎么做，我不知道。我的公司在上海，我人在北京，我就不在公司上班，每个月大概去一次上海。每次去了，很多人就会找我汇报工作：樊老师，你看这个能不能做，那个能不能做。我一般的回答就是：我不知道，你自己看，你自己选，你自己负责，亏了算我的，赚了算你的。因为作为管理者，你要去替团队承担责任，你要允许团队犯错。

以上就是我在公司里承担的最重要的责任。当然，我也有具体的工作，就是每周讲好一本书。这就是我在做的事。

怎么做才能获得更多的客户？

提问

我是做企业融资的，虽然路已经走通了，但是在获取客户上遇到了"瓶颈"，现在有什么比较有效的获取更多客户的方式吗？

我讲过一本书叫《增长黑客：如何低成本实现爆发式成长》，里面讲了一个增长漏斗模型。首先你要让顾客知道你，然后让顾客愿意尝试你的产品，顾客尝试完了产生销售，销售完了产生顾客分享。不管是做app还是做网站，你都可以去研究一下以上每个环节的数据，看看哪个环节做个微小的调整会产生一个什么样的结果。每天进行实验，厉害的人一周内可能同时进行五六项实验，一两周之后，每一项都有相应数据，拿数据来对比，看哪个方式更有效。只有采用这种方法，你才能保证你有十倍速的客户增长，这就是《增长黑客：如何低成本实现爆发式成长》的一个基本思路。

把你们的价值链梳理一下：有多少人知道你们，有多少人尝试过，有多少人花了钱，有多少人跟别人分享了。其中每个环节都可能做到十倍增长。所以，做公司最重要的就是快，快速地试。好多公司不去试的原因是什么？是因为创业者本人或合伙人团队太骄傲，骄傲地以为自己的经验最有用。实际上，你找一个陌生人，找一个年轻人来做这件事，可能改一句广告语，销售数据就翻了几倍；或者调整一下页面，减少几个按钮，销售数据就翻了几倍。这都需要用数字来说话，而不是靠主观判断，觉得怎么样就怎么样。工具的作用就在这儿。

经济大环境受影响,中小企业怎么突围?

提问

最近几年经济环境复杂,中小企业面临的挑战非常大,您对中小企业的发展有什么样的建议?

这个问题很大,但总体来讲,经济的大环境和企业的微观环境是两回事。很多企业是在经济不景气的时候崛起的,因为只有这时候人们才会开始思考。经济环境太好,大家随趋势一起下海,只要投资就能赚钱,也就不会出现伟大的企业。只有在这种经济发展趋缓、大家都不看好的时候,我们才会思考有没有更好的方法,用创新来解决问题,实现逆势翻盘或崛起。所以,我不觉得中小企业要把"经济形势不好"挂在嘴边,那个跟你没什么关系。经济环境不好,难道周围的人就不花钱了?实际上大家花钱还是蛮多的,只不过他们花钱的方式变了。比如,现在很多人选择去直播间里买东西,而不去商场里买东西了。

在经济发展趋缓的时候,企业竞争力尤为重要。这个时期还是优胜劣汰的重要时刻,那些竞争力差的企业被大量淘汰,而那些竞争力强的企业则能坚持下来,熬过这个艰难的时期,它们就可能会迎来最好的时候了。所以，在经济发展趋缓的时候，中小企业要好好挖掘自身的潜力，苦练内功，合理化流程，把控好产品质量，提高客户满意度，提高企业竞争力，最终在优胜劣汰的经济环境中生存下来。

对中小企业来讲，最重要的事是专注于自身价值的增长。具体的建议都写在《低风险创业》里了。中小企业要界定清楚自己要解决的问题，专注于这个问题，寻求最优解决方案。同时要不断发现新问题，以及不断寻找最优解决方案，这样企业就可以不断发展升级。

中小企业还要始终坚持"反脆弱"原则，让自己处于不败之地，这样无论未来的环境变得是好还是不好，都能够有收益。这就要把握好非对称交易的机会，用固定或很少的成本去获取尽可能多的收益。只要多次进行这种非对称交易，中小企业就一定能够赚到钱。

但是，很多中小企业没有搞明白这条曲线，囤了很多固定资产。要知道，固定资产越多，企业的生命力就越脆弱，只要外部环境发生一点点改变，企业就岌岌可危。运气好了，可以赚一点点有限的钱，而一旦赔钱了，就可能一直赔下去，像个无底洞。因此，中小企业需要把自己的营收曲线调整成非对称交易的曲线，成本有底线，收益却可能会无穷。

对整个团队影响最大的，
是团队管理者的气质和价值观，
是管理者能否鼓动起
每个团队成员内心的动力。

樊登输出书单

No.01 职场生存

《好奇心：保持对未知世界永不停息的热情》
（英）伊恩·莱斯利 著

《权力：为什么只为某些人所拥有》
（美）杰弗瑞·菲佛 著

《创始人：新管理者如何度过第一个 90 天》
（美）迈克尔·沃特金斯 著

《认同：开启高效协作的密码》
（美）西蒙·道林 著

《高效能人士的七个习惯》
（美）史蒂芬·柯维 著

《向前一步》
（美）谢丽尔·桑德伯格 著

《商业的本质》
（美）杰克·韦尔奇，（美）苏茜·韦尔奇 著

《终身成长》
（美）卡罗尔·德韦克 著

《能力陷阱》
（美）埃米尼亚·伊贝拉 著

《高绩效教练》
（英）约翰·惠特默 著

《低风险创业》
樊登 著

《联盟：互联网时代的人才变革》
（美）里德·霍夫曼，（美）本·卡斯诺查，（美）克里斯·叶 著

《游戏改变世界：游戏化如何让现实变得更美好》
（美）简·麦戈尼格尔 著

《有限与无限的游戏》
（美）詹姆斯·卡斯 著

《基因传》
（美）悉达多·穆克吉 著

《共享经济：重构未来商业新模式》
（美）罗宾·蔡斯 著

《反脆弱》
（美）纳西姆·尼古拉斯·塔勒布 著

《掌控谈话》
（美）克里斯·沃斯，（美）塔尔·拉兹 著

《关键对话》
（美）科里·帕特森，（美）约瑟夫·格雷尼，
（美）罗恩·麦克米兰，（美）艾尔·史威茨勒 著

《离经叛道：不按常理出牌的人如何改变世界》
（美）亚当·格兰特 著

《指数型组织：打造独角兽公司的 11 个最强属性》
（加）萨利姆·伊斯梅尔，（美）迈克尔·马隆，
（美）尤里·范吉斯特 著

《哈佛商学院最受欢迎的领导课》
（美）罗伯特·史蒂文·卡普兰 著

《精益创业》
（美）埃里克·莱斯 著

樊登输出书单

No.01 职场生存

《吸金广告》
（美）德鲁·埃里克·惠特曼 著

《疯传》
（美）乔纳·伯杰 著

《樊登讲论语》
樊登 著

《增长黑客：如何低成本实现爆发式成长》
（美）肖恩·埃利斯，（美）摩根·布朗 著

复盘时刻

01

接受不确定性,并且学会和不确定性共舞。

02

作为管理者,我们需要帮助员工成长,那么深度谈话就是一件非常重要的事。

03

员工的执行力往往等于领导的领导力。

04

如果你觉得痛苦,觉得不舒服,那是因为你在学习,在成长。

05

管理者的任务就是提高员工的水平,帮助员工成长。你能够培养多少人,决定着你自己有多成功。

06

一个了不起的企业首先看重的一定是员工的成长,员工有创业的动力,有成长的愿望,他才能更高效地去工作、去生活,才能给你创造更多的价值。

07

你的客户是否认同你，不取决于你对他的态度，而取决于你对他有没有价值。

08

我们不要把自己的人生变得特别脆弱。

09

风险和收益之间永远都有一个最大的变量——能力。

10

多多尝试，不断地试，直到找到一件能让你心潮澎湃并乐此不疲的事，那就坚持做下去，或许那就是你生命的意义所在。

11

我们不需要为别人的眼光而活，只需要保证自己每天都在进步。

12

如果你总是在害怕，不愿意自己迈出第一步，而是希望其他人把你踢出去，人生的可能性就是有限的。

13

"睡后收入"不能靠突发灵感，而要靠不断地摸索、打拼，找到正确的方向，寻找边际成本更低的收入模式。

14
一辈子走过来,总得换几个搭档,这是正常的。

15
管理的核心是最大限度地激发他人的善意。

16
招人,一定要招有热情、有理想、能跟你一起改变世界的,而不是招那些把眼光放在待遇、薪资上的。

17
如果你能够准确说出并尽量满足那个需求,你们的矛盾就会消失。

18
一个人的共情力越强,越能够理解他人、感知他人,就越容易设计出良好的产品。

19
和同学、朋友共同创业的一个核心要点是,要尊重每个人的独立边界,不能因为感情好,就模糊了彼此的界限,要做好分工,相互尊重,如此才能长久友好地合作下去,否则最终只会分道扬镳,更有甚者关系破裂。

> 你首先要接受自己是一个普通人，抱着谦虚的心态去探索更多未知的领域，才能真的变得与众不同。

No.02
生活启示

你根本不知道自己学的哪个东西将来会有用，你能做的就是每天尽量做点正向积累，这样等机会到来的时候，你才能有好的表现。

所有人在成长过程中
跟自己的父母都有一战，
不打完这一战，
你没法成为一个成年人。

第一节　问选择

想去大城市闯荡却被家人阻拦,该怎么办?

提问

我学的是法学专业,大学毕业后,我妈妈希望我回家乡,因为她就我一个儿子,希望我留在她身边。所以我就考了家乡检察系统的公务员,但我内心其实是抗拒这种安排的。现在我住在火车站旁边,每天晚上听到火车轰鸣的声音,我都有一种想要逃离的感觉。对于现在的处境,我应该怎么办呢?

听起来,你希望搭上火车,去一个陌生的城市生活。

我很喜欢的心理学家讲过一句话:**所有人在成长过程中跟自己的父母都有一战,不打完这一战,你没法成为一个成年人**。在这场战斗当中,如果父母赢了,是全家的悲剧;如果孩子赢了,是全家的喜剧。

从上大学一直到我毕业很多年,我爸爸对我的状态都不满意。他一直认为我应该回西安当大学老师。父母那代人的眼界就是这样,喜欢稳定的、有职称的工作。我从来没听过他的话,买了车票就跑了,就在北京待着不回去。慢慢地,我的这次离开成了家里的喜剧,我成了家里的经济支柱,还给社会做了贡献。现在我爸爸挺以我为荣的。

我当然不会建议你去跟你妈"打一架",然后离开,但我觉得这是一个选项。你还年轻，如果真的天天都想搭火车走，哪天你就试一次，到一个城市待一段时间，体验一下。或者你愿意做一个特别优秀的检察官，这也是很好的事。你知道为什么像你这样的人，不愿意好好做个检察官吗？唯一的原因是，你们是被人逼着去做的，即便这件事再有乐趣，你都体会不到。因为你心中有这么一个怨结，在这个地方，你可能很难成为一个好的检察官。

人生可以做出不同的选择，你还这么年轻，可以试着去闯一闯，过一下自己想要的生活，就算最后闯失败了，你还可以再回去。

北上广深不相信眼泪,小城市就相信眼泪吗?

提问

都说北上广深不相信眼泪,小地方就相信吗?如何适应从一线城市到县城的落差?

北上广深不相信眼泪,这本来就不是一句科学的话,是情绪性的话。这句话最早想表达的可能是这个意思:在北上广深这种地方生活,别想着靠人情,要靠自己的本事。回到小地方,最起码你可以跟爸妈撒娇,还可以找亲戚帮忙,人情味比较浓。

但是,从大城市回流到三、四线城市,很多年轻人会感到不适应,这是个常态。很多人从北京或上海回老家的县城待了两年后,最后还是回了北京或上海,因为他们在家乡已经找不到自己的位置了。你那些高中毕业后没有离开的同学,已经建立起了自己的关系网,而从大城市回去的你,不过是个局外人。

最重要的是文化上的冲突,你可能会觉得,"我是从北京回来的,带回了很多先进的文化,我要改造你们这些人",人家会觉得,"你讨厌不讨厌,从北京回来有什么了不起的?要是混得好,你就不回来了"。双方都不太能接受对方。这是一个常见现象,不是某个人遇到的事。

至于小地方相不相信眼泪，这不好评价。如果你把"相信眼泪"理解为"人情味更浓"，我觉得这是成立的。如果你把它理解为"哭一下就能有人管你"，那肯定也没戏。所以，在任何地方，活好自己都是很重要的。

是考研多读几年书好,还是早点工作好?

提问

我现在在读研二,有个问题让我很纠结:我是选读两年就毕业,节省一年时间,尽早进入社会找工作,实现自己的人生价值,还是选读三年再毕业,多读一年书,不受干扰地多享受一年学校的学术资源?您觉得怎么选比较好?

大学生爱纠结。大学生基本上耗费了一半的精力去纠结,而这创造不了任何价值。

你可以制作一个表,自己去衡量。你可以选十个指标,每个指标0到10分,然后以两年毕业、三年毕业的实际情况,给每个指标打分,最后统计两者各自的总分。如果一个是90分,一个是70分,那你就去选90分那个;如果分数差不多,证明你没有认真研究,再认真研究一下,重新打分,选总分高的那个。虽然这是最简单的快刀斩乱麻的方法,但它没有解决你的根本问题。

人生有特别多的不确定因素,一个人根本没办法在算准所有事情后再去行动。你没法算准马上工作就能一帆风顺,也不能算准研究生毕业后恰好能遇到白马王子,嫁入豪门。既然算不了这么清楚,你最好的选择就是赶紧选一个,继续往下走,这才是你的人生。

我总跟别人讲,人生没有平行线。我们常常会想,"当年如果我没选这个就好了",但这么想是没有意义的,因为你已经选了,这事没法改变。

要是我,我肯定选择马上去工作,但我不能代表你,所以不管你是选多读一年还是选择尽早工作,我都祝福你,你都有可能做出更好的成绩。重点是把以后的事做好,而不是遇到一个问题,就开始纠结:是选这个还是选那个?哪有那么多时间用来选?

我也有过你这样的时候,当时还没有一个"现在的我"出来跟自己讲这些道理,我也经常纠结得要命,一天到晚患得患失,觉得这样也不好,那样也不行。

但是有一天我突然想到一个词,叫"正向积累"。当时我跟我女朋友——那时候我们还没结婚——说,不管我现在做的选择对不对,不管我是不是幸运,也不管命运到底怎么安排我的未来,我只要保证自己每天都在做正向积累就好了。

你根本不知道自己学的哪个东西将来会有用,你能做的就是每天尽量做点正向积累,这样等机会到来的时候,你才能有好的表现。哪怕这辈子平平淡淡过去了,那也是美好的。所以不要太纠结,你就过好你自己的人生就好了,不要羡慕别人的人生。

下班回家只想躺着，我还有救吗？

提问

下班以后，我感觉精力已经被消耗光了，回到家就什么都不想做了，只想瘫在沙发上玩游戏，制订好的写作计划完全提不起精神去执行。有没有什么技巧能让我在这种状况下打起精神，去做一点有意义的事呢？

这个话题太丰富了，可以从好几个角度切入，比如压力管理、精力管理、毅力管理，还有职业生涯规划。

对于你的情况，有一种可能是你做了一份特别消耗自己的工作，它让你感觉压力巨大，总是让你感觉很累，还找不到价值感和成就感，那你很可能需要换一份工作。

另一种可能是你身体比较弱，如果是这样，你需要锻炼身体，学会掌控自己的精力。《精力管理：管理精力，而非时间》和《掌控：开启不疲惫、不焦虑的人生》这两本书都可以帮你学会掌控精力。就我自己来说，自从开始跑步，我现在的工作效率比原来高多了，因为精力变得旺盛了，不像过去那样容易困。

还有一种可能是毅力管理的问题。你可以去读一读《坚毅：释放激情与坚持的力量》和《自控力》这样的书。人的自控力也是会被消耗的。比如你计划健康饮食，那早餐你可能就吃得很健康，因为早晨起来你自控力满满，但是到了晚餐时，你就有可能吃蛋挞了，因为自控力用完了。

我们的大脑有个特点，就是这部分运转累了就换另外一部分继续运转，让这部分休息。比如做数学题做累了，你就去听会儿音乐，这时候你会发现，大脑其实还是在运转，接下来你可以学学英语，或干点别的。只要你换件事做，大脑其实就已经得到休息了。千万不要以为，只有放空才是休息。

其实我也这样。我在家里基本不看电视，但是出来工作累了，回到酒店也是往那儿一躺，打开电视就开始换台，足足换上两遍也找不到什么好看的，但是就习惯性地这么换台。为什么会这样呢？就是因为这时候我已经完全丧失了自控力。其实，就算真的看了两个小时电视，你也会发现根本没休息好，甚至整个人更累了。如果你能用那两个小时写一篇文章，你反而是在休息，同时自身水平也会得到提高，而且在情感上你也会觉得今天没白过，因此状态也会变得更好。这些状态全跟人体分泌的多巴胺、肾上腺素、睾酮等激素有关系。打游戏只能带来一时的刺激感，不会带来成就感、提升感，所以我建议大家最好换一种方式休息。

三十多岁,想辞职去考研靠谱吗?

提问

我现在三十多岁,已经工作十年了,现在却特别想去考研。像我这种情况,您觉得还有希望吗?

你的根本问题不在于考不考研,而在于你为什么会那么纠结。首先说考研这件事,好多人考研究生,只是想给自己一个缓冲期,老觉得自己还不能立刻改变,想再缓冲一段时间。那这个缓冲时间谁来养你呢?肯定有人养你,你才能去读研究生,优哉游哉地再混两年半,最后拿到一个文凭。真没必要。这是缺乏勇气的做法。你要是有勇气,就直接换工作,换工作是最快的学习方法。未来会有一个趋势,科研和教育都是以公司为主导。

你的第二个问题是,怎么才能让自己不那么犹豫。我们普通人之所以烦恼多、执着多,就是因为老担心会遇到不好的结果。你做的每一个选择都会带来相应的改变,因为只要有了因,就一定有果,这是无法改变的。没有什么好犹豫、执着、痛苦的,犹豫、执着、痛苦会导致我们的决策变得缓慢,下一课来得更晚,徘徊的时间更久。所以,你只需要为自己当下的选择负责就好了,不要浪费生命。要么换一份工作，要么去考研，哪种选择都行。

如果要我给建议，我建议你换一份好的工作，赶紧更快速地学习。可能你对文凭有点执念，觉得文凭不够高就抬不起头。别太看重那张文凭，反正从我的工作经验来看，我们基本上不看重一个人的学历，脑子清楚，态度正确，善于学习，这才是最重要的。

女人究竟是要干得好还是要嫁得好?

提问

"女人最大的事业是婚姻"——您觉得这句话对吗?女人是要干得好,还是要嫁得好?

"女人最大的事业是婚姻"这句话,我个人不太同意,不管它的实用性怎么样。如果你相信这句话,那么你就已经放弃了一大片世界和权利了。我太太喜欢创业,但很多人对我说:"何必呢?你还让太太出去创业,费这么大劲,每天晚上回来这么晚。"我说:"这是她的权利,她自己有这么一个梦想,她希望自己能够成为一个有职业身份的人。人是应该尽己所能去发挥自己的潜力,去实现自己的梦想的。"

我不知道是谁首先提出这句话的。把婚姻当成女人最大的事业,有点残忍。你可以选择相夫教子,为家庭做贡献,这确实需要付出很多劳动;把一个家维护好,也确实需要很多技能。但是,这应该是女人发自本心的选择,因为她是一个独立的人,必须是她心甘情愿地选择去做这件事,而不是别人劝她去这样做。

嫁得好和干得好,所获得的成就感是不一样的,嫁得好得到的成就感要更低一些。我不太喜欢用"社会评价"来衡量这件事,因为我们并不需要活在社会评价当中，不需要太在意别人怎么看，更重要的是你自己内心的感受。对此，存在主义哲学或许可以给出一些建议。萨特告诉我们，要去创造。你的人生到底是什么样子的？不知道。**创造，你不断创造出来的东西，最终组成了你自己真正的人生。**

你可以读一下《存在主义咖啡馆》，这本书里写了萨特、波伏娃等存在主义代表人物的人生经历。那些人活得很有激情，很热烈。当你告诉一个女人，你就应该嫁一个好老公，然后老老实实地相夫教子时，其实你是给她写了一个特别无聊的剧本。人应该把生活活成自己的传奇，而不是活在别人的剧本里。你可以体会一下"传奇""剧本"这两个词的不同，找到自己传奇化的人生。我们可以接受意外，接受不确定性，接受生活中会出现各种各样意料不到的东西，对不对？

有用却不擅长的事,应该坚持吗?

提问

英语一直是我的短板,上学时我花很多精力去学,成绩却永远垫底。毕业后,我的工作也因为英语而受到限制。现在我获得了一个去美国留学的机会,但前提是我要有漂亮的托福成绩。我想问,这个有用但我却不擅长的事情,还要继续吗?

不要给自己贴那么多标签。

你未必学不好英语。如果你愿意学,就算是阿拉伯语,你也能学好。为什么非要说自己不擅长呢?你只是没有找到好的方法,或者不够努力。《刻意练习》和《认知天性》这两本书告诉我们,**正确的学习方法是你要不断地去测试**。不到国外去练一下,你的英语永远都是现在这样。

你总是在给自己贴标签。你头脑里的那个"批判性自我"太厉害了,应该去调动你的"观察性自我",有事说事,有活干活,该干啥干啥,投入地去做。

或许你小的时候,你的父母总在批评你,很少肯定你、鼓励你。长大后,你脑海中就活跃着一个小人儿,天天替你爸妈批评你。所以,你现在的这个状况，其实是你自己的选择。你明明知道自己现在已经长大了，已经离开爸妈独自生活，你可以在头脑中"拉黑"他们，就过你自己的生活，你的人生从现在开始由你自己掌控了。不要再找借口了，不要再把脏水泼在你爸妈身上了。找到好的学习方法，从精神上独立起来，将来你的英语一定能学得很好。

女人只能辞职做全职太太吗?

提问

做全职太太可以更好地陪伴孩子成长,但经济上就无法实现独立了,而出去工作要处理各种问题,整个人会很疲惫,就不能用最好的状态来陪伴孩子。希望您能给我一些建议,怎么才能取得一个更好的平衡?

谢丽尔·桑德伯格写过一本书叫《向前一步》,我讲过这本书。书里有一个点让我印象很深刻,她说我们这个社会总喜欢问女性"你是怎么平衡好工作和生活的",但是从来不问男性,这是对女性的侮辱。长期以来的这种角色设定,使得大量女性过早地退出了职场,但实际上,现在全世界劳动力紧缺,而大量女性接受过跟男性同样的教育,上过小学、中学、大学,完全具备同样的劳动素质,现代社会的很多工作又不需要靠力气去搬东西,**女性过早地退出职场,其实是整个社会的损失,也给很多家庭造成了负担。**

谢丽尔·桑德伯格建议,女性怀孕后,仍可以坚持工作七八个月。在生孩子前休假一两个月,生完孩子休息一天,第二天就能上班了。当然,那是国外的情形,我国有我国特有的国情。至于你跟孩子之间的联结,虽然白天是其他人来照顾孩子的生活,但晚上你总是要回家的吧,你要给孩子喂奶,会跟孩子聊天,跟孩子有情感上的交流。在桑德伯格看来,这是没有问题的。所以不要过度内疚,这才是核心。

另外,现在有各种各样的机会,而且工作种类非常多,在家里说不定能赚更多的钱,比如做远程美容顾问、写专业美容文章、做品牌推广等,都可以。现在我们在家工作照样可以创造大量财富和价值。我太太就在创业,她比我还忙。别人问我:"你有自己的事业,干吗还让你老婆去创业?你们俩都不照顾家,家怎么办?"我说:"人家是一个独立的人,有发展自己的愿望,有梦想,要去实现自己的价值,你怎么能够因为希望有个人来照顾家,就把她关在家里,说'我给你钱,你哪儿都不要去'呢?我没有权利做这样的事情。"如果每个人都足够尊重他人,尊重女性,尊重自己,你的问题就不是一个问题,这是我们自己完全可以做出选择的一件事。

我讲过一本书叫《身为职场女性》,其中就讲了职场女性怎么找到更快的发展路径,怎样去"平衡"生活和工作。其实男性也同样面临着这样的问题。只要你自己内心不屈服,选择其实就简单多了。

怕教不好孩子，不敢生育，怎么办？

提问

因为怕教育不好小孩，所以我想选择做丁克。尽管我内心其实是非常喜欢小孩的，也听了很多关于教育方面的书，但是听完我觉得教育孩子太难了，更不愿意生孩子了。我真的很矛盾，不知道该怎么办。

一般人选择做丁克，是因为不喜欢小孩，不愿意生孩子。你挺喜欢小孩，又听过很多关于教育孩子方面的书，对于孩子的教育，你不应该觉得更有信心吗？那些没听过这方面书的人都照样生孩子呢，你都听完了，怎么反而说教育孩子太难，不想生了呢？

我真没想到，我讲书还有这么惨痛的负面效果。我觉得，你可能没听懂那些书。如果你真听懂了，你会觉得，教育小孩是一件既容易又快乐的事。其实不用听很多书，我讲过《你就是孩子最好的玩具》《如何培养孩子的社会能力》这两本书，你只要把这两本听明白了，你就会发现，带小孩一点都不难。你只需要爱他、照顾他，引导他了解这个世界，给他做这个世界的导游，这有什么难的呢？退一步说，就算你做得不够好，他最多也就成为一个普通人，不至于成为犯罪分子。为什么要这么担心呢？这个世界上不存在绝对正确。而且，你要相信，孩子有自己的生命力，他自己会成长。

我见过一对刚开始坚持做丁克的夫妇，那位女士一直说不喜欢孩子，别跟她讨论孩子的问题，结果在 45 岁的时候，她冒着高龄产妇的风险，坚持生了一个孩子。她还是羡慕孩子带来的快乐。所以，你不生孩子，最后可能会后悔。

我觉得你的本质问题在于，当你觉得一件事如果做不到最好时，那就干脆不做。这样的思维模式是非常可怕的，因此我觉得你现在最应该做的是调整你的思维模式。

一个人上进的核心动力
是要在生活中寻找意义，
就是搞清楚自己到底为什么活着，
怎么能活得更有意义、更有趣。

第二节　问困惑

想活得随便一点行不行?

提问

人为什么一定要有上进心?我就只想懒散而稳定地活着,不行吗?但是这个活法收到的几乎都是负面评价。

这是一个哲学问题。

历史上有个哲学门派倡导的活法就是这样,那个哲学门派叫犬儒学派。犬儒学派有个最著名的人物叫第欧根尼,他就认为人应该活得舒服,每天住在木桶里,谁都不要妨碍他。亚历山大大帝亲自去看他,想向他请教一些问题,并且问他:我能为你做些什么?第欧根尼说:让开,别挡着我的阳光。

庄子在濮水钓鱼,楚王派两位大夫请他去楚国当官。庄子说:我听说你们楚国有一只神龟,死后被楚王用锦缎包裹好珍藏在宗庙之中。你觉得那只乌龟,它是喜欢拖着尾巴在烂泥地这么活着,还是宁愿死去,被掏空了做成一个壳放在宗庙之中以显得尊贵呢?大夫说:那当然还是愿意活着,在泥巴里待着吧。庄子就说:那你们就让我待在泥巴里吧。你们让我到庙堂上去,就是要把我掏空做成一个壳啊。

所以,其实历史上有很多跟你有相同想法的人。对这种思想,别人不能横加干涉和指责，因为你愿意怎么做是你自己的事。可能你的压力来自和你比较亲近的人，他们会觉得你这样下去未来怎么办，结不结婚，买不买房子。这些是你要面对的压力。

我个人感觉，一个人要不要上进，其动力不是来自物质的压力。如果是因为结婚、买房的压力才不得不上进，那结婚、买房以后怎么办？结婚、买房以后就没有压力了？我觉得，**一个人上进的核心动力是要在生活中寻找意义，就是搞清楚自己到底为什么活着，怎么能活得更有意义、更有趣。这才是最重要的。**

之前那个"流浪大师"为什么选择流浪？看了别人拍的视频，当时我就明白了原因。很明显，他从小被爸爸骂，在爸爸的要求下去学自己不喜欢的审计，从事了审计工作，过得很不快乐，因而完全没有动力去奋斗，最终流落街头。这是一个很典型的案例，它让我们看到，父母跟孩子的不良互动，会剥夺孩子的生命力，导致他们找不到活着的意义。

最终选择过什么样的生活，取决于你自己。无论选择什么道路，不要伤害自己，也不要伤害别人，让自己尽量活得快乐就好。

如果别人对你的生活方式有负面评价，你要勇于去面对它。如果评论者里有你比较在意的人，你可以考虑为他们做一些妥协。生活就是一个不断妥协的过程。很多人都会想：为什么我要为了他们改变我自己？你要知道什么才是真正的你，过去的那个你未必是真正的你，改变以后的那个你可能才是真正的你。人不过多执着于自己的过去，改变起来就没有那么难。

为什么我会活成自己讨厌的样子?

提问

我母亲是一个非常强势的人,她总是喜欢把她的想法强加给我。我们俩每次见面都会发生冲突,最后不欢而散。但是现在我发现,有时候我跟自己女儿发脾气的样子,隐隐约约也有我母亲的影子。我就在想,这种遗传性的性格特点能不能得到改善,或者控制一下?

看过电视剧《都挺好》吗?苏明玉指着她爸骂的时候,她爸扭头就说:你就是赵美兰!苏明玉最讨厌她的妈妈,最后却变成了她妈妈的样子。她最后跟自己和解了。怎么和解的呢?电视剧结尾,苏明玉看到的都是画面:她回到家,妈妈做好了饭对她笑了一下;爸爸骑着自行车驮着她去上学……这就是和解的过程。

有这样的伤痛很正常,许多家庭都有这类问题。首先不要给自己贴标签,说"我完了"。通过这件事,你可以比别的妈妈更好地体会女儿的心情,所以你首先应该认识到,自己有可能做得更好。

其次,现在开始去感受你父母给你的爱,多回忆那些美好的画面,下次再跟妈妈在一起,就主动地表扬她、肯定她,给她一些赞美,慢慢地你妈妈就会软化,就会改变。你知道妈妈为什么老喜欢控制你吗?

就是因为你老不听她的。她说什么，你总是不听，跟她对着干，她为了证明自己是对的，就会更强势。如果你稍微服个软，撒个娇，说："姜还是老的辣，我服了！"让妈妈觉得她的地位得到了巩固，她的唠叨就会变少，因为不需要了。她会发现，女儿长大了，价值观跟她的差不多了。

之所以她说什么你都烦，是因为你小时候的感受投射到了现在，让你觉得自己还是那个无力的孩子。这时候，你需要做一个心理建设，告诉自己说：我已经长大了，不仅有能力照顾小时候的自己，也能照顾现在的自己，甚至可以照顾妈妈。对妈妈表示肯定和感谢，你们的关系就会慢慢修复。一个人从父母那里得到爱和尊重的方式，不是靠争取和要求，而是靠感谢。发自内心的感谢才能换回爱。

小时候我爸爸也老打我，但现在我想到我爸爸，脑海里浮现的都是他对我好的画面。多想想这些画面，慢慢你会觉得自己是一个有爱的人，是被人关心着长大的。这就是你力量的源泉。跟妈妈和解，你才能成为一个更好的妈妈。之后，你可以放松一点，让你的女儿可以长得跟你不一样，将来可以跟你选择不同的道路。

做自己，不为别人而活是自私吗？

提问

我 30 岁后才觉得我是为我自己而活的。以前我老是在乎别人的眼光，为别人做事情，还想改变别人。现在我觉得要做好自己，其他的事情我不应该想着去改变。这样的我，是成长了还是变得自私了？

你还爱那些你想改变的人吗？希望他们过得好吗？不干涉他们以后，他们有没有过得更好呢？如果这三个问题你的答案都是肯定的，那这就不叫变自私了，而是慢慢变得智慧。因为你知道了，改变这个社会的捷径是改变自己，哪怕是伟人，要改变社会也一定是从自己开始做起的。不可能自己完全不变，却能改变这个社会。

过去我们老是觉得，替别人着想，给别人下很多指令，希望别人做这做那，是古道热肠。其实，这只是在不断干涉别人。现在你慢慢发现，**原来你把自己变得更好，才是对别人负责，才能让别人的生活变得更好**。所以，做好自己也可以心怀他人，这两个一点都不矛盾。你为什么要把做好自己定义成自私呢？或许你就是不敢接受自己在变好的事实，可能从小到大你被批评惯了，内心也自我批评惯了，就必须得惯性地再找点自己的毛病。这根本就没有必要。

怎样看待自己失败的经历？

提问

在我们眼里，您现在已经非常成功了，但我想过去您一定也有一些失败的经历，您是否愿意选其中一个经历跟我们分享一下？

我有特别多的所谓失败经历。

怎么看待失败，体现了不同的心态。我在中央电视台做节目的时候，别人当着我的面对我说："你成不了李咏，你不是那样的人，那种人万中无一，你就是个普通人，就做点普通的事就行了。"这是我们导演苦口婆心劝我的——你别抱着做大主持人的梦想，那种人都是老天爷赏饭吃，你看你长相就不行，大主持人都长得很有特色，你长得没特色。

到今天我也没有成为一个大主持人，所以那个导演说的可能也是对的。我确实没法成为一个好的主持人，但我依然有自己的价值，依然可以做自己可以做的事。

如何看待过往的挫折，其实跟未来的发展有很大关系。

如果它成为你的一个心结，在你心里拧着，不能说，不能提，谁提这事你就跟谁急，这说明你根本没过去那道坎，它始终在掌控着你；如果你能面对它，分析它，拿它开玩笑，拿它反省、自嘲，从中吸取东西，那你就真的走出来了。

推荐大家阅读两本书，《逆商》和《终身成长》，它们都能帮我们面对失败。

找到自己的使命为什么这么难？

提问

用成长型思维来看，一个人在不断成长的过程中，想要的东西可能一直在变，但我一直坚信一个人的底层逻辑肯定是不会变的，就跟人的性格一样，江山易改，本性难移。所以我的问题是，如果回归到底层逻辑，一个人应该通过什么渠道去找到自己的使命呢？

我老听到"底层逻辑"这个词，很多人在说，甚至我自己偶尔也会随大流用一下。那你有没有想过什么是底层逻辑？多"底"才算是底层逻辑？而且，你坚定地认为底层逻辑是不会改的，这种想法其实太绝对了。说不定你哪天大彻大悟，就把你之前坚守的底层逻辑给改掉了呢。所以，要给自己的人生留一些弹性，不要觉得人的想法一定不会改。人的认知都是有局限的，你没有见过奇怪的现象，当然就没法接受奇怪的想法。

你问的这个问题，是心理学意义疗法里的一个经典问题。我们一定要去寻找人生的意义，而且人生一定要有意义。关于人生意义，有两本书值得推荐。第一本就是《活出生命的意义》，第二本是《思维的囚徒》，两本书的作者是师徒关系。《活出生命的意义》的作者是弗兰克尔,他曾经进过奥斯维辛集中营。他发现在集中营里,人们依然可以选择做圣人或做奴隶:有的人生不如死,为了能多活一天,每天都在害人、欺负人,给纳粹做打手;另外一些人还能在路过别人窗口时,掰一块自己的面包给他。

弗兰克尔说,生命的意义不能去创造,只能去寻找。你是希望我告诉你去哪里寻找生命的意义吗?老实说,我说不出来,我要是能说出来,就也写本书了。

其实,**寻找意义的过程就是最大的意义,保持这份未知感**。只要你相信你的人生会有意义,就会找到一个使命。什么是使命?你愿意把你这条命使在这件事上,豁出去命也要去做那件事,就是使命。找不到,开心;找到了,快乐。即便找到了,也别觉得就不能改,说不定还有更大的使命等着你。这样想,你的人生会更富有弹性。

《思维的囚徒》的作者是弗兰克尔的学生佩塔克斯,他把弗兰克尔的意义疗法变成了七个工具,提供了七个抓手,如果你都学会了,我觉得你就掌握了基本方法。我给你举一个例子:很多人觉得生活没有意义,工作一成不变,每天不断重复,有什么意义?这本书里介绍的第三个工具——"寻找瞬间的意义",就可以拿来解决这个问题。比如,你是某银行的出纳员,每天就是收钱出钱。有一天来了一个老太太,你特别耐心地帮助了什么都不懂的她,最后她开开心心地笑着离开了你的柜台。在这个瞬间,你人生的意义就爆棚了。**因为丧失了从细微的当下寻找意义的能力,我们才会觉得自己的人生需要靠宏大的使命去驱动。**找不到这个使命,我们就会觉得人生无意义。实际上,在找到宏大使命前,每个瞬间的意义就足以滋养我们了。就像现在,我在回答你的这个问题,这就很有意义,对不对?

其实,关于人如何找到自己的使命这个问题,我跟周国平也讨论过。周国平是个哲学家，是公认的智者，他对哲学问题的思考很深入。我问他：周老师，你深入研究了叔本华和尼采。叔本华是绝对的悲观主义者，他认为这个世界根本就没有意义，因为人的欲望得不到满足就痛苦，欲望得到满足了就无聊，人就在痛苦和无聊之中摆来摆去。而尼采说，人生是没有意义的，但我们得给人生找出一个意义来，他认为人生的意义就是艺术，而艺术当中最高级的境界就是悲剧。那您觉得，人生到底有没有意义？他斩钉截铁地回答：没有意义。我说：那咱们一天到晚在干吗呢？他说：**人生没有意义，不妨碍你努力去寻找人生的意义，你去寻找人生意义的过程是有意义的**。人和其他动物最本质的区别就是，虽然其他动物的"人生"也没有意义，但它们对此毫无知觉，而人却很在意。

所以我想，到底把什么事作为使命，是你自己作为一个人需要一辈子去面对的事，而且是你人生中最有乐趣的事，任何人都不能帮你做，也不能去剥夺你做这件事的乐趣。有些问题就是只能由你自己面对、带着探索的心情去追寻的。

定居大城市无法照顾父母，怎么办？

提问

中国有句话叫"父母在不远游"，可是现在女孩子远嫁很普遍，不能兼顾父母，不能照顾他们，这种情况应该怎么办？

孔夫子的确说过"父母在不远游"，但这后面其实还有一句，叫"游必有方"。所以这句话不是说父母在，你哪儿都不能去，而是说你去了哪里要告诉父母，不能跑掉不见了。因为古代没有电话，一个人出门不告诉父母去了哪儿，真就有可能找不到了，这是不孝。但是现在，我们随时可以用电话保持联系，其实也还好，不用拿孔夫子的这句话来吓唬自己。

你要解决的问题，其实是内心的内疚感。真正折磨你的，并不是"父母不在你身边"这件事，因为现在大量家庭都是这样的。老人愿意在老家过，挺好的。但是我们作为子女，内心有内疚感，会觉得"这件事我好像没做对"，这种感觉才是你问这个问题的动机。你要搞清楚的是，你之所以会有这种内疚感，是不是因为你家里有人总是用"内疚感"来操纵你，说："你看我多可怜，你们这些孩子都跑那么远，我怎么办？"

如果父母中有人总是用这种"内疚感"来控制自己的孩子，让孩子痛苦，那就会造成很大的问题。孩子过得越幸福，内心反而会越痛苦。比如说，你家买了大房子，你会觉得"这么大的房子我爸妈都没住上，我真不孝"。

擅长使用"内疚感"的父母，给孩子造成的伤害是长期的。有些父母控制孩子的办法，就是在他们面前不断地抱怨，不断让孩子内疚，他们甚至会折磨自己，以让自己痛苦的方式来让你内疚。你要知道，爱不是对等的，而是从上往下的传承，父母给了你生命，但你没法还给他们生命，他们要走的时候，你根本拉不住，所以爱不可能对等。你的父母给了你这么多的爱，你可以把这些爱给你自己的孩子，一代一代地传承下去。这样的话，父母是不是很可怜？不，他们不可怜，他们有自己的爸妈。你不需要太过内疚，你可以感谢他们给予你的一切，去做一些力所能及的事。

比如说，他们生病了，你要照顾他们，帮他们找医生。如果他们愿意跟你们一起住，就欢迎他们。如果他们实在不愿意来大城市，愿意待在老家，也不要去勉强。不要为了弥补内心的内疚感，去做一些反倒让父母不高兴的事。我见过很多人就是这样，非得让父母去旅游，父母不去就跟父母吵架。吵什么？人家不想去，你干吗非让他们去？他们不去旅游，你心里不舒服，那你到底是想让他们开心，还是想让自己舒服？**很多时候，就是因为我们老想让自己心里舒服，而不是考虑对方到底要什么，才做出了很过分的事。**所以，只要你内心的内疚感消失了，你父母就都还好。因此，我建议你去读一下《这不是你的错》，还有一本更重要——《母爱的羁绊》。

之前我和北京大学的一个老师聊过这个话题，这位男老师当场痛哭。他感觉特别内疚，觉得对不起自己的妈妈。他的妻子只要跟他妈妈发生一点口角，他就难过，就哭。后来心理医生对他说，他妻子其实没问题，因为他妻子在她的原生家庭里也是大声说话的，她习惯了大声说话，并不觉得她是在吵架。他妈妈可能也并不觉得这有什么，但是看到他那么内疚，他妈妈也会跟着难受。

回头来说你的问题，如果你把"妈妈待在老家"这件事看得特别严重，总有负罪感，总是难过，那你也会暗示妈妈把它当作痛苦，但实际上她在老家，待在她熟悉的环境里，会更舒服一点。你可以考虑给她请一个保姆，或者找一个条件好一点的养老机构，这可能比你一定要把她接到你身边更能解决问题。

一直活在内疚中,我该怎么办?

提问

我今年24岁,在我5岁时,父亲就过世了,去年我的母亲也因病离开我了。现在我总能想起跟母亲的一些过往,有的时候感到特别愧疚,觉得没有孝敬她,也特别后悔以前总是顶撞她。以前我的人生目标可能就是"我要努力工作,努力挣钱,让她过上好的生活",但是现在闲下来时,我经常会问自己,我人生的意义是什么呢?以后到底能做些什么呢?我很迷茫,不知道怎么办好。

这个心理创伤叫"愧疚",还包括一部分"失去"。你能够说出来就证明这个伤并不重。如果真的伤得很重,是提都不能提的。所以首先你要认识到,你其实还是蛮健康的。

有一本书是专门解决这个问题的,叫《情绪急救》。它告诉我们,在精神受到了创伤之后,比如亲人离世、被暴力侵害、与恋人分手等,我们该怎么安慰自己的心灵。对于你的问题,我觉得最基本的方法是,你可以跟你的爸爸妈妈,尤其是你的妈妈,好好地做一次告别仪式。

我有一个亲人离世后,他的孩子特别内疚。小孩子都是这样的,父母走了,小孩子会内疚,觉得"肯定是因为我不乖,爸爸才走的"。

那个孩子当时是个初中生，在整个葬礼过程中他都不哭，要哭的时候就把脸埋在水盆里，因为不愿意流眼泪，想流眼泪时把脸埋到水盆里。他整天跟家里人说："肯定是我的问题，是我不乖，爸爸才走的。"这样发展下去，他很可能会出问题，于是我就把他叫过来，让他跟他爸爸告别，让他站在他爸爸的照片前，说："爸爸，现在你走了，我和妈妈会继续生活下去，我会照顾好妈妈，我们俩会生活得很好。"说完了这段话以后，他就正式跟他爸爸告别了，同时也会找到接下来活下去的意义。你也可以试着这么做，跟你的爸爸妈妈，尤其是你的妈妈，说说话，好好告别。

曾经有位老人家去找一位心理学家做心理咨询，说：我的老伴跟我生活了六十年，现在她走了，我觉得我没有活下去的意义了。心理学家就问了他一个问题：如果你的老伴活着，你走了，她会怎么样？老先生回答：那她肯定会像我一样痛苦，一样难过，一样孤独。心理学家告诉他：你看，这就是你活着的意义。她离开，你活着，她就不会像你一样痛苦、孤独、难过。所以你的人生还是有意义的，对吗？

这个世界上的所有生命就像树叶一样，树根滋养树枝，树枝长出叶子，叶子一定会凋落，而凋落的叶子又会滋养树根，树枝又会长出新的叶子。这就是生命的整个循环，大自然的整个循环。人迟早都要离开这个世界，这是自然现象。你不需要因为爸爸妈妈的离开而太过内疚，你需要知道的是，他们虽然离开了，但他们对你的爱还在，所以你能在这里，这就是意义。这个爱往哪里去呢？你要把这个爱传承给你的孩子，然后让这个爱在你的孩子身上继续流动下去。

生命的意义不是一个固定的东西，不是别人强加给你的东西。生命的意义是要靠你自己去寻找的。如果你拥有了寻找生命意义的能力，你现在依然可以承担起你父母的爱。你可以去跟你的妈妈讲："妈妈，你走了,我觉得还有很多事没做,有很多话还没跟你说。我会好好活下去,我会跟我的爱人一起活下去,我们会生一个孩子,到时候抱来给你看,好吗?"

想减肥却越减越肥，我该怎么办？

提问

我一直在说减肥，却越减越肥。其实我很了解那些减肥理论，知道怎么吃、怎么去运动，但是从知道到做到却很难。

对我个人来讲，"变瘦"这个过程，张展晖的《掌控：开启不疲惫、不焦虑的人生》给了我特别多的帮助。我以前也锻炼身体，但即便请私教也坚持不下去。为什么？他老折磨你，老虐你：再来一组！再坚持5个数！这样一番折腾，有一次我直接就躺倒了，起不来了，他们赶紧过来抢救我，给我扇风。张展晖跟我讲为什么一般的教练喜欢虐我们，是因为被虐会让我们意识到自己根本不行，距离"练得好"还早着呢，这样我们就不得不续卡了。

张展晖说他曾经帮徐小平老师跑步减肥。徐小平老师特别烦跑步，根本不想跑，惰性很大。偶然有一次，他们跑到一半停了，徐小平主动说第二天接着来。为什么？因为徐小平是在自己最兴奋的时候停的，这让他感觉跑步这件事没那么吓人。所以，张展晖最大的贡献不是什么运动理论，而是心理洞察。张展晖给我规划的训练任务都不会让我难受，给我布置的任务都是我能比较轻松地完成的。在完成任务的同时，多巴胺已经分泌了，我从身体到心理都很开心，感觉自己也能运动，就很有成就感。所以，我一开始运动的量是跑 4 分钟，走 1 分钟，再跑 4 分钟，再走 1 分钟，心率控制在 140～150 次/分，一点都不累。我稍微跑快一点，一看超过了心率要求，就赶紧慢下来，这样把精力、体力控制在不超支的范围内，练完第一次还想练第二次、第三次。我现在已经能跑完半程马拉松，就是通过这样循序渐进一点点完成的。

此外，你真的需要了解一点运动的原理。你要知道，心率过高是不能减肥的。那些让你心率过高、心慌气短的运动，消耗的都是你身体里的糖。你需要把心率控制在一定的数值内——这个数值跟你的年龄有关——再去运动，这时候消耗的就是脂肪。所以，你可以好好读一读《掌控：开启不疲惫、不焦虑的人生》这本书。控制饮食可以遵循"211 法则"，每顿饭 2 拳头的蔬菜、水果，1 拳头的主食，1 巴掌的肉，肉要吃瘦肉，别吃肥肉。按照这个法则来吃，保证营养均衡，就可以了。

有个办法很重要，就是每次吃饭前，你拍张照片发给教练或朋友，让他们监督你。因为我发现，不拍照片就容易吃得多。聚餐时你要搞分餐制，别人吃一大桌，而你先拣出能吃的放在一个盘子里，拍张照片，再开吃。这样吃，刚开始你每天至少能减一斤或半斤，只要不是身体出了问题，瘦身效果很明显。减肥真的没那么费劲。

一直沉迷于往日辉煌中,该怎么办?

提问

我在高中时拿了全国数学竞赛的二等奖,高考时数学也拿到了将近满分的成绩,我感觉自己数学特别牛,而且一直沉浸在这种成就感中无法自拔,我要怎么做才能从这种成就感中走出来呢?

照你这么说,那我们这些得过国际大专辩论会冠军的人该怎么办呢?

当年最让我得到教训的,就是拿到了国际大专辩论会冠军。得了那个冠军,我觉得这辈子我的人生都不一样了,结果回到学校,我就收到通知叫我去补考。于是我就发现,我的冠军对别人来说一文不值。别人不会因为你得了一个小小的奖,就一定会对你刮目相看。

居里夫人得了诺贝尔奖以后,她就把那两个奖牌当玩具给女儿玩。只有小孩子才会重视奖牌。如果你特别重视以前的那个奖牌,说明你活得很天真,觉得那些奖牌能证明一些东西,而实际上,奖牌证明不了什么。如果你躺在全国数学竞赛二等奖的"成就"上,不停地回味,你很快就要"伤仲永"了——小时了了,大未必佳。

能问出这个问题,就证明你已经走出来一半了,否则你问都不会问,你会觉得这是很敏感的。你能问出来,就说明这件事已经翻篇了。接下来,你要把奖牌的事扔到一边,去干点该干的事,创造新的成绩。记住,你不是为了炫耀给别人看去做那些事,而是为了丰富你的人生,让你的人生不虚度。

从你的问题中也可以看出,你总觉得自己与众不同,其实你和其他年轻人没有太大差别,你只是一个数学比较好的年轻人而已。

你首先要接受自己是一个普通人,抱着谦虚的心态去探索更多未知的领域,才能真的变得与众不同。 与众不同是要别人来评价的,不是你自己说"我恰恰相反",你就与众不同了。也许别人并没有觉得你"恰恰相反",只是你自己这么以为而已。所以,不要虚度光阴,放下过往的辉煌,重新去创造新的辉煌,真正变得"与众不同"。

读书最大的好处是，
你可以通过阅读一直往前走。

第三节 问读书

都说读书很有趣，我却没感觉，怎么办？

提问

我今年上六年级，大人们都说读书非常有趣，但是我在读书时并没有感觉到乐趣，除非是科幻小说，其他书，尤其是纯文字的书，我都觉得没有意思，很不喜欢。

那你就先看科幻小说呗。你喜欢科幻小说，你就先看科幻小说。读得多了，再去读点言情小说，觉得有意思了，再去读点武侠小说。为什么我觉得小孩从小读一些小说没问题？因为对孩子来说，最重要的是养成通过阅读来解决问题的习惯。这样等他长大以后遇到问题，就会想到通过阅读的方式来解决。

一个人只要养成读书的习惯，其阅读品位最后一定会走向经典，因为只有经典的东西才能够提供永恒的乐趣。你现在还没有找到那个乐趣不是你的错，因为你现在才上六年级，年纪还小，只要继续读下去，有朝一日一定会找到你的乐趣。

我儿子上五年级，比你低一年级，他就喜欢读我读的书，像《世界观：现代人必须要懂的科学哲学和科学史》这样的书他也读。他读完《达·芬奇传》后还去学校里讲书，结果得了第一名。他也是个讲书人。他很快就找到了读艰涩的书的乐趣。读书的乐趣不用强求，只要你不放弃阅读，迟早能感受到。

为什么不放弃阅读很重要？比如打电子游戏或者看电影，你也可以从中获得快乐，但是那个快乐不能让你的大脑神经元建立足够的连接，简单点讲就是越玩越傻、越看越傻。你每天看电视剧，打电子游戏，你觉得自己玩游戏的技能在不断进步，但你的大脑神经元连接建立得很少，只建立了手部动作那部分神经连接，最后甚至不动脑子就可以做。但读书不一样。比如你读武侠小说，读到"郭靖纵身飞起"时，你脑海中会想象那个画面，这需要动用很多神经元连接。在阅读和看电视时，大脑释放的阿尔法波和贝塔波是完全不一样的，只有阅读才能激发大脑的潜力，建立更多的连接，让你变得更加聪明。

你现在还没找到阅读的乐趣没关系，接着找，从你能读进去的书开始找，当你读完一本挺难的书时，你的成就感就会爆棚。

读书最大的好处是，你可以通过阅读一直往前走。我儿子有个同学的爸爸是个科学家，他到我们家跟我儿子聊的是光电效应、核聚变、核裂变。我相信他们的老师、校长可能都不会，我也听不懂，但是孩子们就可以用这样的方式聊这些知识。以后，通过移动互联网，每个小孩到六年级时可能就可以把中学的课程学完了。我们的大脑是非常发达的，而我们的教育相对来说是缓慢的。学校里老师讲课主要针对的是程度中等的学生，但对程度一般的同学来说，老师就讲得太快了，他们听不懂；而对程度上等的学生来说，老师讲得又太慢了，他们会不耐烦。因此，在一个教室里听课，一定有一部分人是不耐烦的，而另一部分人是跟不上的，但老师没办法，他只能这么讲，所以对部分人来说，就浪费了大量时间。如果你具备阅读能力，就可以一直往前学，越学越厉害，学到最后你跟你爸说：我不想上大学了，我已经可以去大学教学了。这不也挺好吗？

读书越多，我却越无知，怎么办？

提问

我在知识方面感到非常焦虑。我从去年开始接触"樊登读书"，看了你讲的每一本书，都觉得特别有用，越看越觉得自己知道得太少。我经营着两家咖啡馆，发现有些管理方面、运营方面的知识自己完全没有接触过，我就更焦虑了，觉得自己什么都不懂了。

庄子说："吾生也有涯，而知也无涯。以有涯随无涯，殆已！"你跟庄子其实差不多，庄子也是这个态度。庄子说："我的人生是有限的，但知识是无穷的。我用有限的人生去追求无穷的知识，是很危险的。"你的这个焦虑或者说痛苦一点都不新鲜，两千多年前的人就已经体会过了。

你的问题是什么呢？为什么别人了解到更多的知识会感到兴奋、幸福，而你却表现为焦虑？问题在于，你目前还只是一个固定型心态的人，你把自己放在了和其他人的对比当中，觉得"樊老师比我知道得多""这个人刘震云全集都看过了""那个人比我知道得多"，你会跟别人比，比完就觉得自卑，"完了，我不行，我都不会，我学得也慢"，这就叫固定型心态。

持固定型心态的人一辈子只做一件事，就是不断去证明自己。你学东西不是为了获得快乐，而是为了证明你自己，"你说这个我知道，那个我也知道"。都知道有什么意思？你证明给谁看呢？所以，**如果你用对比的心态在人生中打拼，内心就会永无宁日**。但是，如果你能换一种活法，以成长型心态生活，也许你的焦虑就会减少很多——我不是要证明给别人看，因为别人根本不关心我这个开咖啡馆的小老板到底有没有知识，我只是活给我自己看，我只在乎自己今天有没有比昨天变得更好。

孔夫子就一点都不焦虑，他说"朝闻道，夕死可矣"——我不知道"道"是什么，但我一辈子都在追求它，哪怕在死亡当天才能理解它，我都觉得很安心。他是很安乐的。所以，如果你能每天开心喜乐地去寻找知识，知识才是对你的奖励。如果你学习知识只是为了向别人证明你拥有知识，那知识就是一种诅咒、一种痛苦。所以，你焦虑的本质不在于知识本身，人家创造这么多知识，传播这么多知识，不是用来对付你、逼迫你、鄙视你的。

回去调整一下心态，开心地享受知识、享受学习，而不是做好一切准备待会儿去跟谁显摆我知道什么什么。如果你要跟别人比，整个世界只会回你一句话——"那没什么了不起的"。但是，如果你能不断地体验到学习的喜悦，这个世界将会有无数可以探索的知识等着你。如果连读《三体》《复仇者》这样的书对你来讲都成了压力，那你亏不亏？所以，去改变一下想法，好好享受学习的过程就好了。建议你去听一下《终身成长》这本书，对你可能会有所帮助。

人生有限书无限,读不完书怎么办?

提问

庄子说:"吾生也有涯,而知也无涯。以有涯随无涯,殆已!"经典名著浩如烟海,对想获得更多知识的人来说,该怎么选择呢?我们怎么知道现在这个阶段去读哪些书更合适呢?比如进了图书馆一看,五百多万本书,根本就无从下手,这时候要怎么办?

不要焦虑。庄子说"以有涯逐无涯,殆已",听起来挺吓人。但是,如果你读过庄子的《逍遥游》,你就会知道其中还有这么一句话:偃鼠饮河,不过满腹——鼹鼠喝河里的水,河那么大,它喝来喝去都喝不完,但它所求的,"唯饱腹尔"——把肚子喝饱就行了。

不要因为选了这本书,同一时间就不能读另外一本书而焦虑。这种焦虑的根本问题不在选书上,而在人生价值观上。你要解决的是"怎样让自己的内心不焦虑"这个问题。当你把自我放得特别大的时候,你才会对每个选择都如此焦虑。实际上,我们都只是芸芸众生中的一员。有句话说得好:天不造人上之人,亦不造人下之人。人与人之间是差不多的。如果抱着这种心态,你会发现,自己只是个普通人,随着自己人生的际遇、缘分,能多读几本书就多读几本书,每读一本书都心生欢喜，对这本书的作者、印刷者、传播者都抱以感谢，对自己付出的劳动和从这本书里所学到的东西生出欢喜之情，这时候你就会发现，每天读书都是快乐的。

好多人越读书越焦虑，是因为总觉得自己不如别人，但其实他们每一天都在变得比昨天更好。你要多看到自己进步的地方，才更有信心继续去读书。

我讲过一本书，叫《思辨与立场》，这本书里有一个书单，把西方史前一千年到现在的重要著作全都列在里边了。你想读的最重要的书里面都有。我国古人将书分为经、史、子、集四大类，其中《论语》《老子》《孟子》《庄子》很重要，如果你感兴趣，可以读一读，此外还可以再读读《荀子》《墨子》《韩非子》。这些书其实没有多少字，因为古人做书都是拿竹简慢慢刻，是很难的，五千字就够一本书了。但如果你想要研究透这些书，那恐怕一辈子都不够用。此外，你还可以去读点王阳明、曾国藩、朱熹，以及陕西大儒张载的书。

我们只需在生活中分一点时间出来，淡定地读书，从书中获得我们所需要的就好了，不需要也不可能读完所有的书。

曾经的网瘾少年，如何培养读书兴趣？

提问

我是一个大四学生，在上大学之前，我是一个纯粹的网瘾少年，对读书一点兴趣都没有。进入大学之后，我发现周围人的知识面以及见识都比我要广得多，当时我就觉得我可能吃亏在读书少上了。这三年来，我一直在寻找一种能够让我产生兴趣的读书法，但是很遗憾，到现在都没找到。我拿起书仍然觉得它是非常枯燥的。所以，我想问问您，有没有一些好的建议或者方法能帮我培养起读书兴趣呢？

作为所谓网瘾少年，你照样考上了好大学，这说明网瘾少年也是有机会的，只要在该学习的时候认真学习就好。很多家长会"视觉窄化"，看到自己的孩子打游戏上瘾，就觉得"完了，这孩子这辈子完了"，我经常劝他们：你要有耐心，一个人总有成熟的时候。

进入大学，你的家长管不了你了，结果，你慢慢不打游戏了。我们古代有一句话讲得特别好，"蓬生麻中，不扶自直"——麻秆是竖直向上生长的，蓬草如果长在麻秆中间，不用扶它，它也会长得很直的。所以环境是会改变一个人的。

你在读书方面做的所有努力都不会白费的，你尽管去探索，没有任何问题。关于怎么能从阅读当中找到真正的乐趣,关键在于你不能把阅读当作和别人比较的工具。比如你老在心里想,我读的这几本书,那几个家伙可能没读过,我拿出来给大家看,让大家知道我才是最会读书的人。这种读书心态叫固定型心态。持固定型心态的人,一辈子只做一件事,就是"证明我自己",他做的所有事都是在证明自己。读书,证明自己会学习;博学,证明自己聪明;创业,证明自己有能力。其实,求知本身最富有乐趣。我建议你回去读一本能让你马上扭转想法的书,叫《终身成长》,它的英文名字是 $Mindset$,这本书会帮助你打造成长型心态。

如果有些书口碑特别好,但是你拿到手后读不下去,也没关系。我40岁以后读《爱因斯坦传》才觉得有意思,读完还讲给大家听。所以,如果哪本书你发现自己读不进去,不要苛责自己,把它放在一边就好了,去读那些读得进去的书。我上大学的时候,看到同学都在读一本很酷的书《瓦尔登湖》,我就也买了一本,但是我从来就没看懂过。直到我40岁的时候,再把它拿出来读,突然发现写得真好。这就是时间没到。读书这件事的乐趣是需要慢慢体会发掘的,希望你为自己而读,为乐趣而读,而不要为了满足别人的评价而读。

忙于工作,没有时间读书怎么办?

提问

我是一名即将毕业的工科博士生。之前知识面比较窄,近几年接触了"樊登读书"之后,极大地激发了我学习心理学、历史学,以及各方面知识的热情,但是,有时候我还是会有一些困惑。一方面,我非常享受这种自主学习和探索的过程;另一方面,这种热情在一定程度上会妨碍我正常的科研或工作安排。所以我就想问一下,该如何解决这种矛盾?

别焦虑就好了。你已经把时间运用到极致了,还要再拿出时间来批评自己,多费劲?只要你不焦虑,每天努力做正向积累就好。我在你这个年纪时和你一样,不知道自己做的事到底有什么价值,或者说它会在哪一天突然显示出价值。我的时间分配、做法合理吗?我问你,谁能知道你的时间到底该怎样分配?

你读过《别闹了,费曼先生》吗?那本书特好玩。诺贝尔物理学奖得主费曼就是一个老顽童。他跟爱因斯坦曾经是同事,在物理学上有极高的成就。他生活极其丰富,具有创意。不管谁读了这本书,都会爱上科学。

在我看来,一个人如果真的进入了科研状态,是不会把自己的时间分割成科研时间、休闲时间的,如果你还会这样分割,就证明你还没有沉浸其中。当你沉浸其中时,一切时间都是科研时间,拉小提琴也是在搞科研,因为这时你的大脑可能会碰撞出新的点。爱因斯坦小提琴拉得很好;杨振宁艺术修养非常高,国学底子非常好,张口就能背诵古代典籍。你能说他们在这些事情上所花的时间是浪费吗?不是。科研需要边缘学科的支持,你的灵感有可能会突然从一篇古文或一段音符中获得。所以,如果你真的完全沉浸在科研中,那你做其他所有的事,在草地上散步、出去吃饭等,都不是在浪费时间。所以,不要割裂你的时间,投入进去享受吧。

樊登输出书单

No.02 生活启示

《精力管理：管理精力，而非时间》
（美）吉姆·洛尔，（美）托尼·施瓦茨 著

《掌控：开启不疲惫、不焦虑的人生》
张展晖 著

《坚毅：释放激情与坚持的力量》
（美）安杰拉·达克沃思 著

《自控力》
（美）凯利·麦格尼格尔 著

《存在主义咖啡馆》
（英）莎拉·贝克韦尔 著

《刻意练习》
（美）安德斯·艾利克森，（美）罗伯特·普尔 著

《认知天性》
（美）彼得·C. 布朗，（美）亨利·勒迪格三世，（美）马克·麦克丹尼尔 著

《身为职场女性》
（美）萨莉·海格森，（美）马歇尔·古德史密斯 著

《活出生命的意义》
（美）维克多·E. 弗兰克尔 著

《思维的囚徒》
（美）亚历克斯·佩塔克斯，（美）伊莱恩·丹顿 著

《这不是你的错》
（美）马克·沃林恩 著

《母爱的羁绊》
（美）卡瑞尔·麦克布莱德 著

《世界观：现代人必须要懂的科学哲学和科学史》
（美）理查德·德威特 著

《思辨与立场》
（美）理查德·保罗，（美）琳达·埃尔德 著

《别逗了，费曼先生》
（美）理查德·费曼，（美）拉尔夫·莱顿 著

复盘时刻

01

人生有特别多的不确定因素,一个人根本没办法在算准所有事情后再去行动。

02

你根本不知道自己学的哪个东西将来会有用,你能做的就是每天尽量做点正向积累,这样等机会到来的时候,你才能有好的表现。

03

最终选择过什么样的生活,取决于你自己。无论选择什么道路,不要伤害自己,也不要伤害别人,让自己尽量活得快乐就好。

04

女性过早地退出职场,其实是整个社会的损失,也给很多家庭造成了负担。

05

寻找意义的过程就是最大的意义,保持这份未知感。

06

读书最大的好处是,你可以通过阅读一直往前走。

07
原来你把自己变得更好,才是对别人负责,才能让别人的生活变得更好。

08
好多人越读书越焦虑,是因为总觉得自己不如别人,但其实他们每一天都在变得比昨天更好。

09
因为丧失了从细微的当下寻找意义的能力,我们才会觉得自己的人生需要靠宏大的使命去驱动。

10
人生没有意义,不妨碍你努力去寻找人生的意义,你去寻找人生意义的过程是有意义的。

11
擅长使用"内疚感"的父母,给孩子造成的伤害是长期的。

12
创造,你不断创造出来的东西,最终组成了你自己真正的人生。

> 给我们带来不幸的,
> 恰恰是对幸福的过度追求。

№ .03
家庭突围

改变世界最长的路径,就是通过别人去改变。改变世界最短的路径,就是通过改变自己来改变。

一个人的价值，
　不取决于他的婚姻
　是不是比别人的更稳定。

第一节　问夫妻

如何成为一个既有趣又有文化的男人?

提问

我一直都不爱看书,也不爱学习。自从去年开始创业后,我慢慢开始愿意看书了。但书越看越多以后,我跟太太之间反而出现了一些摩擦。比如,我看了一些营养学方面的书,当太太要吃面包时,我就会告诉她面包有什么缺点;当她喝酸奶时,我又会告诉她酸奶没什么营养。太太因此就说我,本来还挺有意思的一个人,看书看得突然变得很无趣了。我想请教樊老师,怎样才能变成一个既有趣又有文化的人?

很多人说,我算是个既有趣又有文化的人,但是,我老婆却不这么看。因为跟她在一起,我也会说你为什么不读这本书,为什么不读那本书,她也很烦。

不过,人的发展过程就是螺旋式上升的。你不可能刚读了一些书,就变得既有趣又有文化。你现在可能正处于刻意学习知识的阶段,所以在生活中会不自觉地运用你学到的知识,等度过了这个阶段,积累了更多的知识,将其内化为一种底蕴,你就会发现,其实**要想帮助别人,指出优点比责备缺点更有效**。你可以慢慢改掉这点,多去关注别人的优点。

《瞬变》这本书里说过，引领我们进步的并不是缺点，而是优点。我们要学会在生活中寻找亮点，找到的亮点越多，进步就越快。如果总是在找缺点，最多是弥补了缺陷，却难以绽放光彩。女孩子穿衣服也是一样，一定不要去努力掩盖缺陷，而是要努力放大优点，这是我在中央电视台受到的最有效的培训。

孔子说最高级的人是生而知之，生下来就会，那是圣人；第二等人是学而知之，像孔子自己就是学而知之。你属于"困而知之"，就是遇到事了，困住了，才想到要去学习。但是你比最后那类人强，那类人"困而不学，民斯为下矣"，困住了都不愿意学习，那就没救了。所以，你挺棒的。现在你只需要去寻找自己和周围人的亮点，就可以了。

继续读书，别怀疑书。书没有问题，它终究会给你一个答案。

老婆总跟我对着干,我该怎么办?

提问

我爱人经常打着"我是为你好"的旗号跟我对着干,让我去做我不想做的事,但是我真正想做的事却做不了,我该怎么办?

你应该反思的是,为什么你在你老婆心中变成了这样一个角色。

可能是因为你之前对她有过一些伤害?但是冰冻三尺,非一日之寒,想重新建立信誉,没那么容易,你只能慢慢来。

在建立信誉的过程中,你要记得孔夫子说的那句话,"君子求诸己,小人求诸人"。什么意思?要想改变你老婆,最近的路径是改变你自己,就是不要去问:我老婆这样,怎么办?有没有什么办法,让我老婆不这样做?你能不能学会在家里更多地表达善意?能不能更多地去支持你老婆做的事?最简单的方式是,多发现她身上的亮点,遇到亮点就说出来,遇到缺点就忘记。你会发现,她很快就会发生改变。

《瞬变》这本书讲的就是这个内容。促进他人或一个组织发生改变,最重要的办法是发现他人或组织的亮点,而不是不断纠错。

当你做出改变,不断发现你老婆身上的亮点时,你和你老婆之间的关系就会逐渐发生改变。只要你发生了改变,她就会改变。

山居生活与孩子的教育该怎么平衡？

提问

我老婆特别向往去山里生活，但是考虑到未来有了孩子，山里的生活肯定没法给孩子良好的教育，该怎么去解决这个问题呢？

做好"生活会发生变化"的准备就好了。

这个世界上的生活方式是多种多样的，我们不能因为自己没想过这件事，或者想过但不敢去做，就觉得人家的想法很怪。 有一本书很好看，叫《山中花开》，作者是法顶禅师。他写了一系列的书，内容全是他在山中的生活。他是一个现代人，但是生活在没有水、电的地方。他自己搭了一个小茅草棚，在山里住着，每天跟大自然充分亲近。书里有一个情节我特别喜欢，他在冬天的河里洗衣服，洗着洗着脚下一滑，砰，摔倒了，后脑勺磕在石头上，就摔晕了，被河水冲了半天后，他醒过来了，发现流了好多血。爬起来后，他就回家写日记：我们每天都在准备面对无常，但这是远远不够的，因为有时候无常会从身后袭来。

你太太有这种愿望，可能是读王维的诗读得很多，觉得山中幽居是非常美好的一件事，那你就陪她实现一下呗。你陪她在山里住上三个月，让她充分感受一下山中的生活。如果她真的能在山中住三个月，而且如鱼得水，那你就要调整一下你的心态：是留在那儿跟她一起生活，还是两人异地而居，你在城里生活，她在山里生活，然后你每周去给她送点东西？都有可能。孩子的教育问题你就更不用担心了，在大自然的环境中，孩子或许可以成长得更好、更健康。再说，你也可以把孩子带到城里来上学啊。

我认识一个南非摄影师，当年《动物世界》的开场镜头就是他拍的。他有两个孩子，都带着在大草原上生活。那怎么上学？根本上不了学。孩子跟谁在一起待着呢？跟豹子在一起待着。那些豹子就在孩子身边待着，孩子就搂着豹子打闹。你问孩子的文化课怎么办？父母教。父母教他们识字，跟他们说话，带着他们。人是可以有不同的成长方式的。

我还认识一个英国画家，他的作品被詹姆斯·邦德的扮演者肖恩·康纳利收藏过，也被英国女王收藏过。我问他：你为什么这么有创造力？他说：因为我小时候生活在丛林里，我的爸爸妈妈根本不管我，我每天放学回到家，窗户一开就跳到丛林里去玩了。我最感谢的就是他们从来不管我，不打我，不骂我，我就在丛林里那么疯狂地玩，上很简单的学，后来慢慢发现自己的绘画天赋，画得越来越厉害，最终成为一个画家。

所以，人真的是有各种各样的生存方式的，不要觉得离开城市，自己就变得离经叛道了。你能有这样一个老婆，我觉得是你的福气。

老公和女同学一起创业，我该支持他吗？

提问

我跟我老公感情是蛮好的，一直以来，我也很支持他。但是，我老公准备跟大学女同学一起创业，我偶然发现他们之间沟通得太多了，心里有点矛盾，不知道应不应该继续支持他。

我理解你为什么会问这个问题。生活里，我们都会有一些不安全感，这种不安全感会让我们患得患失。但是你要知道，安全感只能从我们自己身上获得，即便在婚姻里也是一样的。如果你能调整好自己的心态，你就能给自己更多安全感。如果有一天，你真的觉得自己没有魅力了，找个私家侦探一天到晚去盯梢，你老公肯定会被你逼出家门的。他要的是爱，不是监督、盯梢。所以，我觉得更重要的事是，你要去提升自己的魅力，就是你要让自己活得开心，活得上进，活得有趣，做一个有趣味的人。

或许你会说：樊老师，如果我听了你的话，老公跟别人跑了怎么办？老公跑了又能怎么样呢？那时候你已经成了更好的自己了呀。

我说这些话，可能会有很多人不喜欢听。一个人的价值，不取决于他的婚姻是不是比别人的更稳定。何必用别人的眼光来评判自己的生活呢？如果你真心对你老公好，你很快乐、很正能量，把孩子教育得也很好，这样你老公还是要离开你，那这个男的也太不值得挽留了吧。所以，仔细想想，这都是你自己的事，那么纠结干吗？更何况，人家可能根本没啥事。

丧偶式带娃,该不该离婚?

提问

我有一个巨懒的老公,他每天都说自己不舒服,要是我不伺候他、不哄着他,他就觉得我不爱他。我还要带两个小孩,没有老人帮忙,完全是丧偶式带娃。之前一直考虑孩子没有父亲不好,现在真的忍受不了了,非常想离婚。这样的父亲对孩子的成长真的好吗?

我不能随便就对你说"你就去离吧",因为我不了解具体的细节。我只能说,这个社会上真的有一些人是勒索型人格,就喜欢用情感来勒索别人,占别人的便宜。

我们讲过一本书,叫《小心,无良是一种病》,里面就有很多类似案例。有些男人结婚的目的就是找到一张饭票,这辈子就可以不用再干任何事了。而且,他会一直缠着你,一直让你产生内疚感,还会用孩子来作为要挟的手段。如果是这种状况的话,那离婚肯定是好过在一起的。

有人做过"家庭状况对孩子的影响"的研究,最佳的家庭状况是夫妻非常和睦,在一起生活得很好,这对孩子的影响是最好的;次佳的状况是夫妻虽然离婚了,但是仍保持着很好的沟通和交流;再差一些的状况是两人不离婚,天天吵架;最糟糕的状况是两人离了婚还天天吵架,这对孩子的伤害是最大的。

离婚这件事,你肯定需要自己去权衡。如果你尝试了很多次都没法解决这个问题,其实离婚也是一个选择。而且,**人类之所以设置"离婚"这个选项,就代表着这是人类的一个自由、一个权利,这是人类进步、文明的一个标志。**

一个家庭观念很强的人，如何面对离婚这件事？

提问

我有一个朋友，她的前半生是充满爱的，亲情、爱情、友情都很顺利。但是，她的生活突然就发生了变故，她的另一半变心了，不爱她了，甚至开始赌博了。我的朋友现在很崩溃，但是目前她还没有离婚，还在这段婚姻里踌躇着，因为她认为世界上任何事情都没有家庭和睦、夫妻相爱重要。失去了这些，其他的都没有意义了。对于她的情况，您怎么看？

我推荐她阅读一本书，叫《幸福的陷阱》，它绝对不是心灵鸡汤或积极心理学。它告诉我们，**给我们带来不幸的，恰恰是对幸福的过度追求**。我们会在脑海中预设一个信念，"我这样的人是绝对不会离婚的"，或者"我这样的人是绝对不应该不幸的"。这种对幸福的过度追求会让我们产生很多"强迫性信念"。

什么叫强迫性信念？"我觉得我必须得这样，我才能怎么怎么样"，这就是典型的强迫性信念。"离了婚的人一定不幸福"，这也是种强迫性信念。这种信念对不对呢？我觉得是不对的，是你想象出来的。事实上，离婚后日子过得好的人多的是。

《幸福的陷阱》里介绍了一个心理疗愈方法，叫 ACT（Acceptance and Commitment Therapy），中文翻译是"接纳承诺疗法"。这是我现在看到的一个相当有效的方法，能立竿见影。

人生就像开公交车，我们自己就是驾驶员。在公交车靠站的时候，可能会上来一些怪兽、一些不太受欢迎的乘客。这些乘客会跟你吵架、闹事。现在，你有两个选择：一个是停下来跟他吵架，吵完了再走；另一个是你继续开车，往前走。你是选择停下来一直吵架，还是选择继续开车？很多人一辈子就停在一个站台上，一直在吵架，哪里都没去过。如果你选择继续开车，那么你会发现，那些怪兽、不受欢迎的乘客只会张牙舞爪、虚张声势，他们根本伤害不到你，而你却可以继续塑造自己未来的人生。

夫妻俩总是因为教育孩子发生矛盾，怎么办？

提问

我有一个关于夫妻关系的问题。有人说，教育好孩子的前提就是家庭关系要好，夫妻关系比亲子关系更重要。我们家就是"以孩子为中心"。我和我老公经常因为教养孩子的问题发生争论，我老公总是很焦虑，经常挑孩子的小毛病，而我觉得那些都不是什么大问题。我不知道该怎么安抚他。

这个问题很普遍，很多家庭都是以孩子为中心的。**实际上，给孩子带来最大安全感的，是父母有自己的生活，有自己的追求。父母的人生在孩子看来是很棒的，孩子才会对自己的人生充满希望。**

对于你老公的问题，我觉得有一本书可能可以帮到他，这本书叫《你的生存本能正在杀死你》，它从生理学、遗传学的角度告诉我们，人为什么这么容易焦虑。这是因为我们体内的原始兽性还在。人从原始社会走到现在，靠的就是焦虑，就是每天不停地担心，山洪是不是要暴发了，老虎是不是要来了。靠着这种焦虑，人类学会了未雨绸缪，事先防备，最终才延续到现在。理解了焦虑的来源，你老公才能知道他过于挑剔孩子的小毛病其实是没有必要的，然后就能慢慢调整他的教育方法。

所有研究教育的人都知道，越是把注意力集中在孩子身上，反而越不利于孩子的成长。如果父母天天用焦虑的态度对待孩子，规定孩子应该做什么，不应该做什么，那他永远都不知道自己该怎么做，他只会跟着你的指挥棒生活，你推一下，他才动一下。这对亲子双方来说都是非常痛苦的。

如果你想说服你老公，你可以跟他来一次关键对话，有一本书可以推荐给你，就叫《关键对话》。你可以用书里的逻辑步骤来跟你老公谈话。你要跟他一起确定一个共同目标，而不是张口就跟他吵架，吵架就代表着你们根本没有共同目标。在谈话时，你可以先提出：我们俩都希望这个家变得更好，是不是？发脾气了就先道歉：对不起，我刚刚的表述可能不太对，我重新说一下。用这种方式营造出良好的谈话氛围，然后再进行沟通，解决问题。

换个角度，就算你说服不了你老公，你可以改变自己呀。你可以先放松一点，家里有他操心就够了，你可以开心地去干你自己的事，开心地把你自己的生活经营得更好。**改变世界最长的路径，就是通过别人去改变。改变世界最短的路径，就是通过改变自己来改变。** 如果你自己先放松、改变了，你老公和你的孩子都能够感知到。

这是三种不同的解决逻辑，你回去可以都试一下。

夫妻长期分居面临离婚，如何告诉孩子？

提问

我们一家三口现在分别生活在三个不同地方，我在北京工作，女儿在老家读书，我老公在另一个地方工作。因为长期分居，我和我老公面临离婚。我现在的问题是，怎么跟女儿更好地沟通这件事。我女儿今年7岁，读一年级。

不要给孩子营造一种悲伤的氛围。你能不能让孩子感受到生活的美好？比如让孩子感受到，"就算我和你爸爸分开了，我们两个人也照样爱你。离婚跟你无关，那是大人之间的事，但我们都是永远爱你的"。过去我们经常说父母的陪伴对孩子非常重要，如果父母陪伴得不到位，就会给孩子造成多大多大的伤害，但实际上你想想看，那些在战乱中父母双亡的孩子，难道他们一定都生活得不好吗？所以，有父母陪伴的孩子，他身心健康地长大的概率会更大一些，但这也不是绝对的。**孩子能否身心健全地成长，核心是"孩子怎么看待父母和自己的关系"**。在看节目的时候，我们会发现有些失去父母的孩子会说"妈妈在天上照顾着我"，当孩子能这样看待这件事的时候，他一样可以感受到来自妈妈的爱。

如果不断强调"你看妈妈都不在身边,孩子真可怜",孩子慢慢地就会认同这种感觉。实际上,如果你告诉他"不管在哪儿,妈妈都是爱你的,咱们每周都通话,妈妈会一直关心你",即便你们分开,他也能感受到你的爱,情感上不会感到有缺失。很多家庭,虽然妈妈天天跟孩子在一起,却天天都在伤害孩子,孩子感受不到妈妈的爱。

我还想多说一点关于家庭教育的话。大家似乎天然地认为,做父母的就是要管着孩子,整天告诉他不要干这个,不要干那个。其实,**家庭教育中最重要的是爱和边界,这两样东西永远都是要有的**。首先,家庭教育最核心的原动力是爱。父母要不遗余力地去表达爱,让孩子知道父母永远爱他,永远支持他。其次,家庭教育要让孩子感受到价值感。孩子能感受到自己为家庭所做的贡献,为社会所做的贡献;孩子在努力进步,而别人能够看到他的进步。这都能让孩子感受到价值感。最后,家庭教育还要帮孩子理解学习过程中所遇到的困难,培养出终身成长的心态。

我写过一本书叫《读懂孩子的心》,跟另外两本书——《你就是孩子最好的玩具》《如何培养孩子的社会能力》一起推荐给你,你回去好好读一读,用书里的方法去跟孩子沟通、相处,我相信你能很好地解决你面临的问题。

家庭教育中最重要的是爱和边界，这两样东西永远都是要有的。

冲突不应该是
家庭问题的导火索,
而应该成为家庭学习的机会。

第二节　问父母

跟老爸的价值观不一样,怎么办?

提问

我一直跟爸妈一起住,最近我发现我跟我爸的价值观好像有一些分歧。我们家的车停在小区里,被别人的车撞了一下,我爸就想要狠狠敲对方一笔钱,但我觉得完全没必要。最后的处理结果是,对方走保险赔了几千块钱。我爸挺满意。上个星期,我家车又被人蹭了一下,这次情况不严重,但我爸还是想让人家赔几百块钱。我觉得没必要,最后就算了,我爸因此心里不满,好一顿埋怨我。我跟他的价值观可能真的不一样,但又找不到解决的办法。

确实没办法解决。一个人胳膊痒,就会去挠,挠得太厉害就会把皮肤挠烂。最后,严重的不是痒,而是挠出来的伤口。所以,是你的反应让事情变得更糟糕,而不是事情本身。老爷子在家里生生气,发发牢骚,吵两句,你嘻嘻哈哈笑一笑,这件事就过去了。如果你特别认真,揪住不放,反而会把事情越闹越大,越闹越不愉快。孔子说孝敬父母"至于犬马,皆能有养;不敬,何以别乎",犬和马你都能养活,养活老人还能算是孝吗?你能和颜悦色地跟老人家说话,才能体现"孝"的本质。

我爸也有很多很奇怪的行为，特别逗。他是数学教授，什么事都爱算账。包括我爷爷去世，全家人回去奔丧，丧礼结束后，我爸给全家人算了一笔账，用我爷爷的遗产给大家把路费都报销了。他说一定要做到足够公平，全家人都要登记，我说：我不要，我给我爷爷奔丧，你还要给我报销路费，像话吗？但是后来想想，他就是这样，你改变不了他。这笔钱，我爸至今还给我留着，每年还念叨：你快来把这个钱领走，快来！

还有一次我表弟开车送他和几位长辈去农村参加葬礼，回来后他问我表弟汽油费多少钱，过桥过路费多少钱，要跟老哥儿几个平摊。你说他的价值观跟我们的价值观是不是不一样？但是我们只能笑呵呵地跟他聊，把它当成个乐子。

其实，你完全可以把你爸定位成"咱家的老英雄"，咱家的英雄从来不吃亏，万一以后在小区里遇见特别难对付的人，搞不好还得让你爸帮你出头呢。像你这样，遇见事动不动就笑呵呵地说"算了，算了"，也很容易吃亏，你们家其实也是很需要有你爸这样的顶梁柱来撑的。**跟父母在一起，给他们讲道理是最没用的，你只要和颜悦色、开开心心地陪伴他们就好，这是最难的，但也是最重要的。**

老爸沉迷各种不靠谱的理财方式，我该如何劝说？

提问

我爸妈都有稳定的工作，本来我们家的经济状况还是不错的，但是不知道从什么时候开始，我爸迷恋上了各种不靠谱的理财方式，赔了不少钱。前两年我爸因为P2P第一次赔了十几万的时候，我妈跟他产生了很大的矛盾，甚至还闹过离婚，有点严重。现在我也不知道该如何劝他不要相信那些理财方式。

这种事是很常见的，我们遇到过大量的案例。前两年，P2P、小额信贷、非法集资，的确骗了特别多的老百姓，而最容易上当的就是老人。

对于这种情况，你能干的可能就两件事：第一是看好你自己的钱，不要随便给他。第二就是多给他进行一些普法教育，让他跟你一起，从普法的角度去看这件事。比如，你把那些因非法集资等受骗赔钱的案例放给他看，多给他吹这样的风：爸，你是那种一学就明白的人，你是有文化的人，你是特别聪明的人。你甚至可以让他给其他亲戚普及这种骗局，活学活用嘛！打着帮助别人的旗号，把你爸变成一个普法宣传员。这个原理就是想办法提高他的自尊水平,让他拥有改变的能力。如果你们一家人围攻他:"你脑子有病,你怎么搞的?那些钱是怎么挣回来的你都忘了吗?"你们越这样做,他越犟。他会回答你们:"万一我是对的呢?上次只是运气不好,下次我赌一把大的,一定赚!"

我们家就出现过这样的情况。我表弟的一个长辈做生意亏了,有个人来骗他,骗走了几千万后音信全无。全家人因此每天攻击他,还召开董事会一块儿批评他。在这种情况下,老爷子越来越犟,最后放出话说"钱反正是我挣的,就这样了"。所以,如果你不能够把你父亲的情绪理顺,不能够安抚他,提高他的自尊水平,想让他改变是非常困难的。

人发生改变的原理是一样的:觉知 —— 接纳 —— 改变,而不是觉知 —— 自责、自责、自责 —— 不改变。自责越深,越不会改变。接纳越彻底,越容易改变。事过去了,笑一笑,反正已经被骗了,算了,下次不这样就好了。

你也可以想办法把他手里大部分的钱借过来,帮他保管着,剩一点给他零用,这样就算他被骗了,也不至于伤筋动骨。

感觉被妈妈监控了,我该如何摆脱?

提问

我妈妈非常关心我,把我的微博、微信,还有其他社交账号都关注了一遍,她还关注了我所有朋友的微博。她的做法让我感觉自己被监控了,而我又想要一些私人空间,因此在跟她沟通时我有时候会比较烦躁,甚至会有些不耐烦,但是过后我又会后悔。因此我想问问,我该如何摆脱妈妈的监控呢?

你小时候跟妈妈的沟通模式是什么样的?她会控制你吗?如果你小时候她就控制你比较多,那么就算现在你长大了,你们两个人还是会维持这种相处模式。比如,孩子上中学的时候,很多家长不让孩子谈恋爱,但是孩子都上大学了,有些家长还在莫名其妙地坚持这个原则。这可能就是一种惯性。所以,现在我们只能调整自己的心态了。你不能跟你妈说断绝母女关系,这肯定不行。你把这件事当个乐子看好了——"我有一个妈妈,她是我的隐形守护神"。这样也有好处,万一哪天你真的需要求助,你妈就可以立刻出现在你面前,因为你一直在她的关注之中。

你可以跟妈妈好好谈谈,用比较温柔、比较平心静气的方式。大喊大叫会造成更多的伤害，妈妈一哭你就会内疚，而妈妈最容易用愧疚感来控制女儿。妈妈一般不会控制儿子，因为她不熟悉男孩的世界，也不太会把自己的目标投射在男孩身上。她更习惯性地把目标投射在女儿身上，希望女儿能够活成她没有活成的那个样子。

这会导致很多女生这辈子内心充满内疚，经常在内疚和暴躁之间徘徊，离妈妈近了就暴躁，远了就内疚。所以，你俩都得直面这件事。你得跟她讨论一下这个问题，跟她一起打开手机，听一下《母爱的羁绊》。听完以后，你可以跟妈妈讨论，对她说："妈妈，你的这种做法会给我造成很大的压力，咱们能不能保持一个更为良性的距离，空间上的、时间上的、心理上的？我会定期向你汇报我的状况，咱们还可以经常开心地见面，但你别老在背后监控我。"

所以，解决办法就是跟她聊，讨论，谈判。实在不行，你就把她的这种监控视作她表达爱的方式。我们没办法改变父母，也不用做这样的努力，最多能稍微影响他们一点，我们要把大量功夫下在自己身上，让自己发生改变。

我爸就是上天派来修炼我的。我特别希望能改变我爸，但我唯一能做的事就是"呵呵，老爸就这样"。因为我不可能对我爸说："你这样做我不能接受，我跟你拼了！"最后，我的脾气就修炼得特别好。你就把这件事当成修炼自己的工具吧——妈妈还想帮我这一程，把我修炼成一个更善于跟人沟通的人。这样想，你是不是就不那么抵触妈妈的监控了呢？

父母吵架,找我评理,我该向着谁?

提问

我爸妈性格不合,从年轻吵到现在。我妈经常在吵完架后打电话给我,让我去评理,我真的去评理后,我妈会说我向着我爸。怎么才能处理好父母之间的关系呢?

这个问题是有一个相对确定的答案的,就是你不能管这件事。他们爱干吗干吗,吵架、打架、离婚,都随便他们,那是他们自己的事。你已经长大了,你已经离开那个家了。

你可以记住一个咒语,这个咒语很管用,叫"你是大的,我是小的"。你要跟你妈讲:"妈,你是大的,我是小的,应该你来帮我解决问题,而不是我帮你解决问题。"家庭里最常出现的问题,就是孩子长大后,喜欢在父母面前扮演他们的"父母"。你去调停他们俩的关系,其实就是在扮演他们的父母。

既然你扮演了父母,他们就会很乐于扮演孩子,因为父母已经很久没有得到他们的父母的爱了。真的,**有很多人会在自己的孩子身上寻找父母之爱,会去依恋孩子,让孩子来照顾自己,这种亲子关系是畸形的**。如果你持续扮演这个角色,父母就会在潜意识中渴求你的照顾。所以，你必须告诉你的父母，"你们是大的，我是小的"，所以他俩的关系就由他们自己去处理吧，爱打就打，爱离就离，都行，你都能接受，你支持。你要让他们知道，能够给他们父母之爱的，只有他们自己的父母，也就是你的爷爷奶奶、外公外婆。就算他们都去世了，他们的位置也还在那里，谁都不能取代。

父母文化程度不高,产生了家庭冲突怎么办?

提问

我刚当上爸爸,在教育上跟父母会有一些不一样的地方。因为听樊登老师说过,不能教育父母或者怎样,我就不知道该怎么让他们接受新一点的教育观念。当然我也推荐了他们听"樊登读书",但是他们只有小学程度的文化,所以接受起来不是很快,我们还是会有一些冲突。该怎么办呢?

首先你要知道,**冲突不应该是家庭问题的导火索,而应该成为家庭学习的机会。**如果你想引导父母学习一些知识,可以先从自己开始。你可以跟他们说:咱们可以一起看一个课程,我觉得对我帮助很大。然后带着他们一起看。而不是说:爸爸,你都不会跟孩子说话,我给你看一个课程学习一下。这两种说法带来的感觉是完全不同的。如果你能更多地从改变自己、批评自己的角度,带着全家建立"学习型家庭"的氛围,慢慢地,改变就会自然而然地发生。

还有一点你要注意,父母的文化程度本来就不高,给你带孩子,他们的压力也很大,你要更多地去发现他们的优点,父母一样是要被优点驱动的。如果你和妻子总是注意到他们说错了话,他们就会越来越紧张，反而会更经常地说错话，或者干脆破罐子破摔：我就这样，我不改了！所以，你要更多地去发现他们说对话的时刻，发现他们有耐心的时刻，发现他们跟孩子处得很好的时刻，然后对他们表示肯定，这时候他们就会有信心，以后会做得越来越好。

  千万不要觉得文化水平低的人就不能学习。我曾经在山东济宁演讲，有个80岁的老太太从泰安坐高铁到济宁来参加我的活动。我们俩还在高铁站碰见了，老太太特别热情地拉着我的手说，她一个字都不认识，就是通过听"樊登读书"来学习怎么带孙子、怎么跟全家人搞好关系的，现在大家都非常喜欢她。以前他们家也老吵架，因为她没文化，只会用大喊大叫来表达，但是现在家庭氛围变得很好。她对我表示感谢。你看，没有文化的80岁老太太都可以做到，还有谁做不到呢？

和父母的育儿观不一致，怎么办？

提问

我的消费观和教育理念跟父母的有比较大的差异。比如，我愿意花钱找人来打扫卫生、做家务，好把更多的时间留出来，做更喜欢、更有意义的事。但是我父母会认为，这么做就是懒惰和浪费。照顾孩子的时候，我认为衣食住行这些事可以慢慢锻炼孩子自己做，他第一次做得不好，第二次就学会了。但是父母会觉得，我连孩子的衣食住行都照顾不好，怎么能算合格的母亲呢？他们是父母，是长辈，我觉得跟他们很难沟通，应该怎么办？

你找家政打扫卫生被父母念叨，他们还非要替你打扫卫生，你觉得很烦对吗？可是你有没有想过，不帮你打扫卫生，你让他们做什么呢？你希望你的父母每天坐在那里一直看电视，还是跳一天广场舞呢？他们想打扫卫生，你都不给机会，你太残忍了吧。

我觉得你的问题不在于这件小事本身。你的问题在于，为什么这么重视这件事？老年人跟你在一起，他总得说话，没话也要找话说。但是，他们从小到大学会的说话方式就是带负能量的，唠叨你学习，唠叨你找工作，唠叨你找对象，唠叨到现在，发现闺女还挺厉害，什么都搞定了。那现在他们还能唠叨啥呢？没啥好唠叨的了，那就唠叨你不打扫卫生吧。所以，如果你把不打扫卫生这事解决了，他们还得费劲再找个别的来唠叨你。

你别想着你爸妈会突然用很正面的方式跟你说：我今天学了什么东西，有进步了。不会的，他们已经习惯了，这么多年来就是这样，所以你要接受他们就是这样跟你互动的，这就是他们表达爱的方式。你就乐乐呵呵、客客气气、高高兴兴地享受他们对你的关怀、服务。所以，你要做的就是别太重视他们的唠叨，那只是你们家庭的一种生活氛围。可能过了若干年后，你甚至会很怀念这个唠叨的氛围。

你知道我爸妈唠叨我什么吗？我爸见到我就说：你看你现在没个正式工作，这个样子多可惜，本来你在大学里的工作多好。我说：我现在做的事情比在大学里工作更厉害，比在大学教的学生还多，哪个大学能教这么多人？我爸就说：那你也没职称！一句话就给我撑死了，没办法。我妈见到我就说：你太累了，你看你累成这个样子，多辛苦。我说：我不辛苦，我比一般的上班族肯定要轻松多了，一天工作时间不会超过八个小时。我妈说：你的工作强度大，你辛苦！

你是不是还想说，爸妈能不能别唠叨，能不能发现我的优点，营造一个良好的氛围？父母从小到大就是这样生活过来的，很难改变了。如果你看过《可复制的领导力》，你的心态就会跟父母那一代的有所不同，你营造的家庭氛围可能会不一样，但是现状就是这样，你要接受它、享受它，然后随机应变就好了。

每次回老家看父母都会跟他们大吵一架，怎么办？

提问

我是一名小说作者，现在每次回老家，都觉得特别消耗能量。回家前我状态挺好的，离家的时候我就觉得能量都消耗光了，心特别累。我父母每天都在酗酒，我就想劝他们别喝，可是沟通总是无效。他们说"你管好自己就行了"。他们还总希望我按照他们的规划回老家工作，赚一份稳定的退休金。我们谁也说服不了谁。我看他们年龄大了，总想多回去看看，可是每次回去都要跟他们大吵一架，该怎么办？

解决这个问题，你要处理好这几个方面的事情。

第一，父母的事你管不了，做孩子的别替父母瞎操心。孔夫子说过，"父母唯其疾之忧"。对父母，你只需要担心他们有没有生病，生病了送他们去医院。除此之外，他们爱干吗干吗。家庭秩序不能乱，你越管他们，他们越像个孩子，会撒娇，会撒泼，会不讲理，会给你找事，这样一来你就会觉得很心焦。你所谓"能量都消耗光了"，就是因为你为他俩操碎了心，他们却不听你的。

你回家应该是去补充能量的。怎么补充呢？你是孩子，他们是父母,所以回家了你要撒娇撒泼,要吃好吃的。你在父母面前更像小孩,他们才会更像大人。

至于他们老让你回老家工作这种事,可以理解,全国他们这一代的父母好像都这样,我爸妈也这样。我爸现在见了我都会说我没工作,他很操心。对于他们的这个想法,你听着就行了。你可以多跟他们讲讲你的好消息,比如说哪篇文章发表了,哪部小说收到了读者的来信,给他们看看读者的留言。还可以跟他们说,樊登老师说了,未来最挣钱的人就是作家。我真是这么说的,我认为中国未来最有钱的人一定是作家。所以,最重要的是,首先理顺你跟你爸妈的关系。

第二,把小说写好。要想写好小说,不能瞎琢磨。写科幻小说也不容易。刘慈欣的《三体》为什么厉害?因为他真的读了很多量子力学的书,有很强的学术根基。我推荐你读一本书,叫《故事的道德前提》。如果你想写好故事,想写出能被改编成电影、电视剧的故事,那这本书对你来说会很有用。一个好的故事一定有道德前提,这个道德前提就是影视的主题。

再给你推荐一本我们讲过的书,叫《你能写出好故事:写作的诀窍、大脑的奥秘、认知的陷阱》,另外你还可以看一看由好莱坞著名编剧写的经典著作《故事:材质、结构、风格和银幕剧作的原理》。你得知道故事的起承转合到底是怎么回事,人物又是怎么变化的。把道德前提植入进去后,再努力从你的人生经验中去寻找那些更鲜活的东西。

有个文艺评论家说过,伟大作家和伟大作品,基本上都是在写20岁以前的生活。张爱玲写的是她20岁以前的上海,《红楼梦》写的是20岁以前的贾宝玉,《白鹿原》写的是陈忠实20岁以前看到的生活,《平凡的世界》写了20岁以前的孙少平、孙少安,等等。所以,你要从你的生活背景中去汲取养分。现在你还这么年轻，要成为一个好作家，我觉得完全有机会、有希望。现在社会给了文艺青年很大的空间，只要保持足够多的连载，靠码字就能养活自己。

你现在的这个工作非常能"反脆弱"，好好写，把你爸妈给你的压力、痛苦都化作幽默的文字。**消解压力最有效的方法，是把它作为描写的对象写出来，只要写出来，心情立刻就会好很多**。你看看，你爸妈不但把你养了这么大，还在持续不断地给你提供素材，多好啊，回家"补血"去吧。

一直活在父母常年打架的阴影中，如何才能放下？

提问

在我小的时候，父母就一直争吵，甚至大打出手。现在他们两个都五十多岁了，还是这样。我心里对此有一点点小阴影，不知道该怎么处理这件事。

两个人打了二三十年还没分手，说明他们俩有着非常强的在一起的动力，如果没有，他们早就分开了，所以你应该为自己有这么一对互相热爱的父母而高兴。

有个原理非常重要：孩子不能介入父母的感情生活。一旦介入进去，只会把他们的关系搞得越来越乱。他们会在你身上寻找父母之爱。他俩打架其实需要有一个爸爸一样的角色出来调停：别打了，老实点，都老大不小了，还吵啥？你扮演了父母的角色，他们就会很自然地扮演子女的角色，你管得越多，他们越觉得只要闹就有人管他们，反而会闹得更厉害，把你消耗得更严重，所以你必须得学会置身事外。

我们讲过一本书，叫《这不是你的错》，就是专门解决这个问题的。父母喜欢吵架，这不是你的错。看到父母吵架，小孩子为什么会特别紧张？因为所有小孩子都会自我归因。看到父母吵架，他不会认为跟自己没关系，而会认为是因为他不乖，父母才会吵架。没有人跟他讲明白这个道理，所以他会把这些压力都放在自己身上。你已经长大了，现在有能力爱你自己，有能力照顾身边的人，你可以更好地对待自己的孩子，你新建立的家庭会比你的原生家庭更重要。所以，我觉得《原生家庭：如何修补自己的性格缺陷》这本书，对你可能也会有所帮助。

做自己父母的父母，会把家庭秩序变得很混乱。 父母会过度依赖你，你就感受不到父母之爱。你会觉得你实际上是在照顾两个家，累得半死，了无生趣。所以，你就好好安抚一下那个童年的你吧。你可以想象一下跟童年的自己对话，跟他讲：这不是你的错，是他们两个不会处理人际关系。

孩子不能介入父母的感情生活。
一旦介入进去，
只会把他们的关系搞得越来越乱。

善于沟通的人
"说软话,做硬事",
不善于沟通的人则
"说硬话,做软事"。

第三节 问关系

公婆亏待我,不想给他们花钱,行不行?

提问

前几天我老公说,他想带他爸妈去北京旅游。我说:他们自己有退休金,可以自己去,为什么要花我们的钱?他爸妈对我不是很好,我也不想对他们好。我们有两个儿子,生活压力也挺大的,凭什么还要给他们花钱?我老公最后同意不出钱,但我能感觉到他有点不开心,我担心这会影响我们以后的感情。

这是个千古难题啊,其本质还是钱不够用。

你的问题勾起了我的回忆。我跟我太太的老家相隔很远,以前如果想回老家,光机票就得八千块,再算算回家的花销,给各自父母、亲戚包的红包,带的礼物,心梗都要犯了!这个问题是什么时候解决的呢?挣了很多钱以后就解决了。所以你的问题,最好的解决方法是:多挣点钱。

至于你丈夫想给他们花钱,也是正常的。他是爱他们的,也希望能回报他们。这不只是一种纯物质的回报,也是一种情感上的交流。有钱的父母也会期待孩子给自己花点钱,期待的就是这种情感交流。

推荐你读一本书——《热锅上的家庭》,从中学习一下家庭分析。

既然你爱你老公,那就需要为他做出一些努力,为这个家庭做出一些努力。你们可以趁此机会去做一套家庭财务的基本预算和规划。比如规划一下,如果有一笔意外之财,该用什么原则来分配,这样也可以激励你老公多去赚钱。你也可以努力开源节流,把你们的家庭经营得更好。

在如何对待老人上,最起码要做到一件事,就是不记仇。要是结了疙瘩,记了仇,可能这辈子都过不去了。同时,你也可以读一下《非暴力沟通》,从中学习一些温和而高效的沟通方法。过日子这事,就是要稀里糊涂。非要分得清清楚楚的话,日子就没法过了,所以郑板桥才说,难得糊涂啊。

读了很多书，为什么还是处理不好婆媳关系？

提问

我有一个问题，是关于婆媳矛盾的。从生活习惯、养育孩子等各个方面，我跟婆婆之间都有矛盾。其实大家的想法可能都是善意的，但做事或说话总会发生冲突。虽然我读了很多这方面的书，但我还是觉得这个矛盾有时候挺难调和的。

这个问题涉及两个方面。

第一，你的家庭中还包含着你的丈夫，他很重要，他所起到的作用是相当关键的。我们讲过一本书，叫《幸福的婚姻》，那本书里就讲到，婆媳关系想处好，丈夫一定要站在妻子这边。要知道，小家庭里的女主人只能有一个，那就是你。你婆婆之所以跟你争夺权力，是因为她误以为她是女主人。如果你老公能旗帜鲜明地站在你这边，去做你婆婆的工作，效果要比你去做好得多，因为他是她的儿子。而且，如果你婆婆看到你老公每天都很开心，很爱你，跟你关系很好，她也会对你好。

第二，就是你的沟通技巧。沟通有一个原则，**善于沟通的人"说软话，做硬事"，不善于沟通的人则"说硬话，做软事"**。嘴上逞强，一遇到关键问题就妥协,最后人际关系极差。所以你得学着哄婆婆开心。怎么哄呢?多表扬她,多肯定她,多向她学习,没事给她买点小东西,让她高兴高兴。你要让婆婆觉得你对她挺好的,心里边有她。但在关键的那些事上,该坚持的你得坚持。如果不是跟孩子的健康、个性、沟通有关的问题,你适当放放手,给她一些空间,让她有点存在感,这样更容易搞好关系。

　　日常的调和,氛围的营造,你要足够软,要让你婆婆觉得这个家还是不错的,你还是尊重她的。人心换人心,多磨合几年,说不定你们的关系就慢慢亲密起来了。

老人想再婚，家人强烈反对，该如何处理？

提问

我的问题涉及老年人婚恋引起的家庭矛盾。我母亲去世一年多了，父亲今年72岁，身体还不错，但有很轻微的阿尔茨海默病。他现在独自生活，目前可以自理，但经常感到孤独，希望有人陪伴。父亲打算找个老伴，目前也谈了一个。我觉得可以接受，毕竟老人需要陪伴，也需要照顾。可是我姐姐强烈反对，坚持说父亲是傻子，对方是骗子，还找其他亲戚哭诉，话说得很难听。我跟姐姐也无法沟通。目前父亲想再婚，家里大战在即，我很纠结，不知道该如何处理。

首先，要明确一点，就是你姐姐无权干预你父亲的决定，她只能发表意见或建议。她哭也好，闹也好，最后的决定权肯定是在父亲手里的。

其次，对你来说，你也不用太过揪心。子女无权左右父母的决定，就算他们年纪已经很大了。我们唯一能做的事是关心，而不是影响他的决定，我们不能替父母做这样的决定。

再次，是操作层面上的办法。你们可以找律师帮你父亲做些婚前财产公证之类的事。大家都生活了大半辈子，各自攒了一些财富，在婚前界定好，可以避免婚后因此产生的矛盾和纠纷。如果你父亲愿意接受婚前财产公证，那是最好的，而且这么做还能检验一下你父亲的对象是真心爱他，还是爱他的钱。你们也不用担心父亲被骗钱，而这可能正是你姐姐反对你父亲再婚的最重要原因。

最后，你要做的就是劝你姐姐不要那么强迫父亲。你父亲目前是一个有独立民事行为能力的人，对于自己的事情，他可以自己说了算。你们只要给父亲足够的支持和法律上的帮助，让这个家避免发生悲剧就行了。

陷入人生低谷后，该怎么办？

提问

我得了脑溢血，做生意也亏本了，还有四个孩子要养活。家里人因此都排挤我，我该怎么办？

你提的这个问题，其实是关于一个家庭在艰难困苦的时候应该怎么一起抱团往前走。

日本有部卡通片叫《我的邻居山田君》，特别有意思。片子里说，一家人在风雨当中前进时，就像是帆船遇到了风浪，这时全家人会特别团结，但是等到风平浪静后就开始吵架。**大量的家庭出现危机，往往不是在最艰难的时候，而是在风平浪静的时候。**

就你现在的状况来说，我觉得最重要的一件事，可能是你自己心态的调整。有可能当你的心态变得敏感后，家里人说的话到你这儿就会被重新解读，本来正常的话可能就变味儿了，成了"你们瞧不起我，你们排挤我"的证据。我相信，如果你跟你太太或是大一点的孩子沟通，你会发现他们说的话并不是你所解读的意思。所以对你来讲，调整心态非常重要。

你可以读一下《掌控：开启不疲惫、不焦虑的人生》这本书，帮你锻炼身体,早日恢复健康。还有一本书对你可能也会有帮助,叫《非暴力沟通》。这本书的核心是说,**我们不要通过自己解读的想法去跟别人沟通,就是"我猜你是这样认为我的",预设结论去沟通。没有人愿意先被预设**。听听《非暴力沟通》,让自己的情绪变得更好,跟他人能够保持良好的沟通,保持团结。

另外,你要是想摆脱巨大的压力,就要去做"影响圈"的事,而不是"关注圈"的事。"关注圈"的事就是:我难受,我抱怨,我后悔,我不该生这么多孩子……那没用,现状已经是这样的了。你要看到,这么多孩子其实也是一笔巨大的财富。你要多去关注当下美好的一面,然后做自己力所能及的事。

你还可以学习一下《反脆弱》,这本书的核心智慧就是教我们怎么样把坏事变好事。可能在你看来,现在是人生的一个低谷,但是如果你能在低谷中反思出东西,让自己以后变得更好,这就是"反脆弱"精神。有的人陷入人生低谷后会彻底被生活击垮,但你今天能够提这样的问题,我觉得你身上是有着"反脆弱"精神的。把这个精神发挥出来,努力去做一些"影响圈"的事,生活就会一步一步变好。

在生活中少一些"推理",多用事实说话,家庭氛围会和平很多。现在你需要跟家人们一起,在风雨中并肩作战,共渡难关。

樊登输出书单

No.03 家庭突围

《瞬变》
（美）奇普·希思，（美）丹·希思 著

《山中花开》
（韩）法顶禅师 著

《小心，无良是一种病》
（美）玛莎·斯托特 著

《幸福的陷阱》
（澳）路斯·哈里斯 著

《你的生存本能正在杀死你》
（美）马克·舍恩，（美）克里斯汀·洛贝格 著

《读懂孩子的心》
樊登 著

《你就是孩子最好的玩具》
（美）金伯莉·布雷恩 著

《故事的道德前提》
（美）斯坦利·D.威廉斯 著

《你能写出好故事：写作的诀窍、大脑的奥秘、认知的陷阱》
（美）丽萨·克龙 著

《故事：材质、结构、风格和银幕剧作的原理》
（美）罗伯特·麦基 著

《这不是你的错》
（美）马克·沃林恩 著

《原生家庭：如何修补自己的性格缺陷》
（美）苏珊·福沃德，（美）克雷格·巴克 著

《热锅上的家庭》
（美）奥古斯都·纳皮尔，（美）卡尔·惠特克 著

《非暴力沟通》
（美）马歇尔·卢森堡 著

《幸福的婚姻》
（美）约翰·戈特曼，（美）娜恩·西尔弗 著

复盘时刻

01

这个世界上的生活方式是多种多样的,我们不能因为自己没想过这件事,或者想过但不敢去做,就觉得人家的想法很怪。

02

跟父母在一起,给他们讲道理是最没用的,你只要和颜悦色、开开心心地陪伴他们就好,这是最难的,但也是最重要的。

03

实际上,给孩子带来最大安全感的,是父母有自己的生活,有自己的追求。父母的人生在孩子看来是很棒的,孩子才会对自己的人生充满希望。

04

改变世界最长的路径,就是通过别人去改变。改变世界最短的路径,就是通过改变自己来改变。

05

我们不要通过自己解读的想法去跟别人沟通,就是"我猜你是这样认为我的",预设结论去沟通。没有人愿意先被预设。

06

有个原理非常重要:孩子不能介入父母的感情生活。

07

人类之所以设置"离婚"这个选项,就代表着这是人类的一个自由、一个权利,这是人类进步、文明的一个标志。

08

人发生改变的原理是一样的:觉知——接纳——改变,而不是觉知——自责、自责、自责——不改变。

09

有很多人会在自己的孩子身上寻找父母之爱,会去依恋孩子,让孩子来照顾自己,这种亲子关系是畸形的。

10

在如何对待老人上,最起码要做到一件事,就是不记仇。要是结了疙瘩,记了仇,可能这辈子都过不去了。

11

消解压力最有效的方法,是把它作为描写的对象写出来,只要写出来,心情立刻就会好很多。

12

孩子能否身心健全地成长,核心是"孩子怎么看待父母和自己的关系"。

> 两个人的价值观慢慢协同,互相认可,觉得对方处理问题的方式方法自己都愿意接受,两人的生活才能和谐。

№ .04
情感解惑

你永远都不知道明天会发生什么，爱情会不会突然降临，你只要好好享受，每天不断前进就好了。没有既定的剧本，没有既定的角色，没有人给你身上贴标签，这就是传奇化的生活。

不如开开心心过好自己的生活，
做好事业，
把自己变得更好看，
提升修养，
然后静待命运的安排。

第一节　问单身

渴望恋爱，却又排斥和男生接触，怎么办？

提问

我没谈恋爱的时候特别想谈恋爱，觉得有一个男朋友多好呀！但是，如果真有那么一个男生跟我聊天，要跟我进一步接触，我又会觉得好烦，心里很排斥。我这种心理正常吗？其他人也会有这种心理吗？

如果一个男生让你觉得浅薄无聊，和他聊的话题都很没劲，那你就不要理他。**女孩子在青春年华里保持一点骄傲，我觉得是非常棒的一件事，这才是享受青春的过程。**

好像大家都很关心谈恋爱的话题，虽然我个人谈恋爱的经验非常少，但读了这么多书，我总结出来一个道理：恋爱的时候一定要保持一定的理性。人在恋爱时会分泌特别多的多巴胺，每天都处于特别兴奋的状态。热恋中的人，体温都要比平时高 0.2 摄氏度的，基本上达到 37.2 摄氏度。有本法国小说叫《三十七度二》，就是讲爱情的。

在热恋的时候，"这个人对我真好，我要吃饭他就去点外卖，还跑到我的楼下唱情歌"什么的，未必代表他真的是适合你的人，因为他只是当下被荷尔蒙冲昏了头脑，愿意做各式各样的事来取悦你。一个人是否真正值得托付终身，关键要看他是不是情绪稳定。不要小看情绪稳定这件事，对你们以后的相处十分重要。还要看他与父母的关系模式，他们的相处模式多半也就是将来他和你的相处模式，因为**每个人最开始都是从父母那里习得人际交往方式的**。如果他和父母的关系是平和、亲密、坦荡的，那么他跟你的交往也会是这样的。如果他跟他的父母有问题就要吵架，一见面就大喊大叫，那你们以后可能就要吵很多架了。此外，你还可以看看他周围的朋友都是什么样的人，如果觉得不对劲，那你就要小心；如果你觉得他的朋友都让人感觉很舒服，都蛮有意思的，都很健康，那么这个人多半也不会太差。

前几天我在网上看到一个朋友说："作为一个过来人，我要告诉那些年轻人，最好的建议就是：不要过来。"这太悲观了。我认为"可以过来"，无论结果怎样，把这一切都当作美好的体验就好了，不要患得患失。

不会与异性相处的理科生怎么找对象?

提问

我是一个纯理工科女生,一直单身。我周围接触到的大多也是纯理工科男生,他们都有一个特点:书包里背着重量基本上都在五千克以上的东西,书包左边放一个水杯,右边放一把雨伞,走路甚至跟人交流的时候,连抬起眼睛看别人一眼都不会。其实,我单身还有一个很重要的原因,就是我总会在无形中和周围的男孩子处成兄弟。我该怎么办呢?

有两本书可以推荐给你,一本书是《如何让你爱的人爱上你》,另一本书是《亲密关系:通往灵魂的桥梁》。前者是教你怎么谈恋爱的,后者是教你怎么维持婚后生活的。

人和人之间的感情是非常复杂的,跟长相、性格都没有必然的关系。心理学上有个说法,叫"纯粹接触效应"。什么是纯粹接触效应?比如你们班有一个人,大一入学的时候你本来看不惯他,觉得他好丑,但是处到大二、大三时,有可能你就觉得他看起来很顺眼了。这就是"纯粹接触效应"。所以,**人是可以通过不断地接触产生感情并升华感情的,因为人最终要找的是情感方面的陪伴。**两个人能互相理解,开心地在一起,很重要。

《亲密关系：通往灵魂的桥梁》这本书是解决"为什么相爱容易相处难"的。我们在寻找亲密关系的过程中，会不自觉地投射太多童年时期所受到的伤害。**如果你在童年时期被父母伤害，这种伤害会一直潜伏在你的潜意识里，在找对象的时候它可能就会寻求弥补。**所以在找对象的时候，你会希望对方能够解决父母曾经给你造成的伤害，你会发现你对另一半的要求就特别高，只要一出现相应的问题，戳到你内心深处的那块伤疤，你"啪"地就会炸起来。这也是为什么两个人没谈恋爱时，对方身上总有一圈光环，他做什么你都觉得好棒，但是谈了恋爱以后，光环退去，你就觉得他怎么这么糟糕。

如果你觉得自己太容易把男生处成哥们儿，可以去学点化妆、着装类的课程，多参加点社交活动，像"樊登读书"组织的会员活动之类的，你可以多来参加，多发表意见，见到喜欢的男生可以主动示好。

你听过那个笑话吗？女孩问："当年咱们班那么多女生，你是怎么看中我的？"男孩说："我给所有人都写了信，只有你回了。"虽然是笑话，但你是不是可以从中得到一点启发呢？

不用太焦虑，你首先要做的是把自己变得更好。当你变得优秀，还愁找不到对象吗？

想恋爱，可始终迈不出第一步，怎么办？

提问

我是个女生，母胎单身 26 年。我很想恋爱，想拥有一个属于自己的小家庭，可始终迈不出第一步，不知道自己在害怕什么。我该怎么办？

首先你不要自我怀疑，这一点是很重要的，有时候人没病会想出病来。这个问题本身没那么严重，你只是没遇到合适的男孩而已，不必着急。

我特别喜欢的一位作家——爱尔兰的萧伯纳说过一句名言："想结婚的人就去结婚吧，想单身的人就去单身吧，反正最后都会后悔的。"

婚姻虽然很重要，但也不是人生最重要的事。你这个年纪觉得婚姻很重要，这没有错，你会为此纠结、难过、痛苦，我也能理解。但是，你要知道生命本身就有它自己的缘分。如果你每天花很大力气去纠结：我怎么才能嫁出去？我是不是有病？我是不是不能嫁人？我是不是不喜欢男的？你的自尊水平就会受影响。与其这样，不如开开心心过好自己的生活，做好事业，把自己变得更好看，提升修养，然后静待命运的安排。

当然，你也可以主动出击，跟一些人多吃吃饭，给对方创造一些机会。《如何让你爱的人爱上你》这本书里说，女孩子出击的成功率要比男孩子高得多。先谈谈恋爱，最后再决定要不要结婚。

我相信要不要恋爱这件事没那么严重，你非要把它看得很严重，反而会成为一个心病。开开心心地去学习进步，提升自己，静待花开！

马上 30 岁了，要接受家里人安排的相亲吗？

提问

我快 30 岁了，毕业后的这几年，父母每天都在让我相亲。最近这种情况更严重了，因为我妈快退休了，她担心退休以后，以前她送出去的那些份子钱就收不回来了。其实我也很着急，但又不知道该怎么去做，也不知道怎么跟父母沟通。

其实我觉得，在过去那种"先结婚，后恋爱"的方式下，有些婚姻延续得挺长的。所以，父母让你相亲，你先不要那么排斥。这是你要做的第一点——调整心态。好多人习惯性地排斥父母介绍的对象，根本没经过思考。还有些人去相亲的心态就不对。对于相亲对象，你要先放空自己，不要先入为主，不要有那么多主观意见，要慢慢处。

如果你想解决这个问题，你可以努力点，多跟异性交往。我们讲过一本书叫《如何让你爱的人爱上你》，书里提到一个重要原则：单身男女要重视每一个社交场合。像你这样需要找对象的人，每天出门最好打扮一下，多跟人聊天，多出去社交。你要把最好的自己呈现出来，让别人看到你。

如果实在找不着合适的，面对爸妈的催婚，你可以跟他们好好沟通，接纳他们焦虑的情绪，对他们的安排表示理解，"谢谢爸妈的安排，我一定会努力配合的"。只要你的姿态是配合的，他们也就没那么焦虑了。如果你老是跟他们硬杠、吵架，或者放话说："我再也不回来了！"只会导致催婚越来越成为你们关注的焦点，引发冲突和矛盾，这样你不好过，你的父母也不开心。其实，父母的幸福指数还是蛮重要的，为了他们的幸福，我们可以适当地做些妥协。

朋友一直单身，我怎么提醒他降低标准？

提问

我上的是艺术学校，身边有很多漂亮女孩。我有一个朋友，老是让我给他介绍对象。我本来是拒绝的，但是有一次喝酒的时候答应他了，然后他没事就老说：你答应我了，就得给我找。我给他介绍了几个，他都不满意，挑三拣四的。其实有些女孩也看不上他，但是我不知道怎么委婉告诉他，让他把要求放低一点，别把自己看得太高了。

你怎么知道让他降低标准是个正确的建议呢？万一人家最终就是娶了一个特别满意的对象呢？

从这个问题中，我们其实可以学到很多东西。

第一，别喝酒。

第二，即便喝了酒，也别瞎答应事。你随便答应了，人家就要不停地找你。

第三，交友要慎重。因为"你喝酒的时候答应我了，所以你必须做到"，就天天缠着你，这种朋友也挺烦的。

其实你可以告诉他，你会帮他留意，有合适的会介绍给他，但是你也有自己的工作和生活，你又不是开婚介公司的，再说婚恋是讲究缘分的。你可以鼓励他去更广阔的空间找,然后慢慢地不给他介绍了,他也就放手了。难道他还会为这件事去你家游行示威啊?不至于。

你可以潜移默化地影响他,但千万别瞎出主意,让人家降低要求。**没人有权利要求别人降低要求**。人家宁缺毋滥,哪怕这辈子单身呢,也是没问题的。

记住:不要给别人瞎出主意,更别瞎答应别人事,认真读书,认真工作,谈好自己的恋爱才是最重要的。

职场女强人如何在爱情中变身软妹子?

提问

我在北京开了六家美睫美甲店,在其他地方也开了一些连锁店。我是一个比较强势的女性创业者,但是想变成软妹子,有没有可能?因为我想爱情、事业双丰收。

我一直不太理解什么是"软妹子"。后来了解到,所谓软妹子,大概就是那种情商高、会说话,不用跟人吵架就能把事情办了的女孩子。这就反映出问题来了。我们会去追求一些符号化的东西,比如"软妹子""高富帅""白富美"等,但这些只是人们想象出来的。我们习惯于把一个一个标签叠放在自己身上,而这些标签最终会成为我们给自己套上的枷锁。其实,你不需要刻意给自己套上某个枷锁,你可以传奇化地去生活。

《有限与无限的游戏》这本书里说有一种人过着剧本化的生活。套用你的情况:我是一个创业女老板,我现在找不着对象,所以我就是一个典型的"优质却找不着对象的女人"。当你开始给自己编剧本,悲惨感就上来了。实际上,**你完全可以传奇化地生活,你永远都不知道明天会发生什么,爱情会不会突然降临,你只要好好享受,每天不**

断前进就好了。没有既定的剧本，没有既定的角色，没有人给你身上贴标签，这就是传奇化的生活。

不过，传奇化的生活也有一个方向——我得让自己变得更幸福。幸福的原因不是我找到了好男人，他对我很好，于是我就很幸福。你变得更幸福，是因为你的内在修养不断提高，慢慢摸索出你与男性的相处之道。比如，跟男性在一起，他可以不那么强悍，你也不需要对他大喊大叫，甚至你也可以保护他——来，靠在我的肩膀上吧。

你有没有想过，你对男性的想象可能来自你和你父亲的关系？你潜意识里可能想找一个跟你父亲相似的人，或者说你内心有所缺失，你在追求某种特定的感觉。这都是心理问题。如果这些心理问题严重到你自己解决不了，那么你需要去找一下心理医生，了解自己对男性的这种心理是怎么形成的。

我太太就遇到过这样的问题。我儿子很小的时候，只要一哭，她就会训斥他：男孩子哭哭啼啼的像什么样子？我问她：你为什么这么在意他哭？原来这跟她从小所受到的教育是有关的。实际上，你如果能跳出来看，那些东西都是符号化的，人是可以活得丰富多彩、各有特点的。当你跳出来了，你可能就会轻松多了。在两个人的相处中，你就会更多地去关注他和你的互动。你们能不能互相关爱，有没有共同兴趣，对方是不是一个正直的人，这才是最重要的。相反，如果你特别在意"阳刚之气""责任感"或"体贴"这些标签的话，就很容易被骗。骗子们为什么一骗一个准？就是因为他知道很多女性就要这些，他只需要戳中她们的一个痛点，她们就会觉得"这个男的真棒"，进而上当受骗。实际上，很多好男人是很无趣的，连玫瑰花都不会买。

最后给你支一着，如果遇到喜欢的，你就去追，女追男的成功率要比男追女高很多，而且你主动去追也比别人主动来追你更安全。

在你没学会信任别人之前，
不建议太早结婚，
否则可能会酿成更多的悲剧。

第二节　问恋爱

虽然有男朋友,但还是很享受别人的追求,有错吗?

提问

我有男朋友,但是公司里还有个非常不错的男孩子在追我。他知道我有男朋友,但还是坚持要追。我既不想和男朋友分手,也不想拒绝公司那个男孩子的追求。我觉得自己特别"渣",我该怎么做呢?

我的情感经历其实很简单。我只谈了一次恋爱,从大学一直谈到结婚。所以你问的这个问题,对我来说是一个极大的考验。我就大概谈谈我的看法吧。

首先,我觉得你不要把自己定义成"渣女"。我们不要随便给别人下这种定义,包括给自己,这会导致你的自尊水平下降,自尊水平下降会让你做出更多的错事。比如一个人赌博,他定义自己说:我是个赌徒,我戒不了赌,怎么办?我完蛋了,我干脆剁根手指吧!剁手指这样的事都不能帮他戒赌,因为即便只有一只手,他也可以赌。回到你的问题上来,往长远看,你知道这种三角关系有不健康的一面,最后伤害的可能不只你自己,还包括你的男朋友和那个男孩子。

如果你抱着"自己是一个好女孩"的想法,就可以认真做个选择。

反正你现在也没结婚,不管怎么选择,都不算不道德。或许你也可以跟你男朋友聊聊这件事,告诉他:要不你也试着重新追我一下,让我感受一下我到底喜欢谁。

总之,你不能让自己一直在他们俩之间摇摆。你要做出改变,尽快做出选择。而你改变的动力来自你对自我的接纳,不要总是那么自责,你越是接纳自己,越容易做出改变。但是,**接纳自己不意味着自己做的所有错事都不去改正,而是"我知道我做错了,但我还是个好人,所以我能做出正确的选择",这才是自我接纳的本质。**

我的回答可能对你没有帮助,但是不管怎样,不要太过内疚,我觉得内疚是最没有帮助的。

妈妈嫌弃我的男朋友，逼我分手，我该怎么办？

提问

我谈了个男朋友，带他见过我妈之后，我妈觉得他其貌不扬，学历不高，就想让我跟他分手。在我们家，什么事都是我妈说了算的，而且我妈这次把话说得很严重，类似"明年的生日就是我的忌日"，我该怎么办？

这种情况在生活中非常常见。作为过来人，我上大一时就见过这种事。我的班主任强烈反对她的女儿跟某个人结婚，天天在学校里吵，吵得很凶。结果呢？她女儿还是跟那个人结婚了。他们结婚后，我的班主任不让她女儿回家，头两年，她女儿就和丈夫在外边住着，不回家。后来他们生了孩子，抱着孩子一进门，我的班主任就完全没脾气了，然后母女就和好了。她们和好后过了三年，她女儿和丈夫又离婚了。

这个案例给我留下深刻的反思：这个女儿跟那个男孩原本可能并不会结婚，但是因为妈妈强烈反对，他们便觉得非结婚不可。她妈妈就像一个高压锅锅盖一样，把这两个人盖在高压锅里了，他们只能同舟共济、同仇敌忾，合起伙来跟她斗。就冲"战胜妈妈"这件事，都值得结个婚。他们生活中最大的矛盾变成了女儿和妈妈的矛盾,男生身上的缺点反而就被遮蔽了。因为妈妈转移了女孩生活的焦点,本来女孩应该去跟男朋友磨合的,通过磨合看彼此适不适合,最终决定要不要走到一起。在这个过程中,如果妈妈介入了,那么她生活的重点就不在自己跟男友的关系上,而是转移到了自己跟妈妈的矛盾上。

我要奉劝天下所有的妈妈,如果你们真的希望女儿幸福,那就不要分散女儿的注意力。如果你跳出来站在舞台中央,要求全家都围着你转,谁让你不高兴,你就跟谁死磕,结果就是你女儿根本没工夫细看那男的,她在你这儿受了气,肯定会在那个男孩那里得到安慰,那个男孩就成了她的精神支柱。最后两个人结婚,开始过日子。等到结婚后,他们的注意力就转移到彼此身上,于是"结婚前没发现有这么多毛病啊",生活过得磕磕绊绊。

我希望你妈妈能明白这个道理:女儿的生活,女儿才是主角,她的主战场在你爸那里,不该在你这里。你跟这个男的谈了一段时间,你最有资格来判断他适不适合你,适合就继续发展,不适合就分手,这是很自然的事。

让你妈妈不要做那个高压锅了,搞得一家人都不高兴。大家开开心心地过日子,如果她实在不喜欢这男孩,那他去你们家的时候,她可以避开,也可以冷淡一点,就是不要介入你们的关系。

总是忍不住翻看女朋友的手机，怎么办？

提问

我交女朋友的时候很敏感，没办法深入地去信任她。敏感到什么程度呢？只要找不到她，我就怀疑她去跟别人逛街了。如果她跟异性交流时，稍微有些亲密或态度过于友好，我就特别敏感。而且我总是忍不住翻看她的手机。这个问题一直很困扰我，我该怎么办？

你能提出这个问题，说明你是个很勇敢的人。如果你真的想解决这个问题，我觉得你其实应该去看心理医生。这并不丢脸，就跟感冒了去看病是一样的，请医生给你一些建议。心理医生会有很多治疗方法，比如暴露疗法等。我倒是不建议吃药，主要去进行行为上的矫正，慢慢学会信任别人。**在你没学会信任别人之前，不建议太早结婚，否则可能会酿成更多的悲剧。**

除了看心理医生，读一些书对你也会有帮助。有一本书叫《少有人走的路》，那本书讲明白了什么是爱。有非常多的人是把爱和占有混为一谈的，实际上，爱是让对方跟你一起成长。这本书界定了什么是爱，什么是成熟。读完它以后，你可以再辅助读一些经典，比如说《论语》《道德经》，它们可能会让你看得开一点，放下那些不应该执着的东西。别人的手机是禁区，你怎么能翻呢？恋人闹到偷翻手机的地步，差不多就该分手了吧？人要给自己立一些不能去触碰的红线，核心还是要学会爱自己，其实你是不爱自己才这样。

曾国藩就是觉得自己不行，从乡下到了城里后非常不适应，于是开始写日记，不断地写日记，觉知自己，改变自己。其实记录是可以帮你觉知的，在觉知的过程中找到自身的优点，肯定自己，爱自己。当你的价值感提高了，你才不会觉得女朋友跟别人逛街对你有什么伤害。咱们先不论她是不是真的跟别人去逛街了，就算是真的，对你的人格也没有太大的伤害，因为你还是你。就算她跟别人好了，也没问题，你也还是你。

就像现在有很多人给我留言，其中有人说好话，也有人说坏话。说好话，我没觉得我好，我还是我；说坏话，我也没觉得我坏，我还是我。我有几斤几两，我自己知道，自知才能带来自尊。你现在是把关注点放在了你女朋友的手机上，而没有好好审视自己，去发现自己的价值。

你可以找心理医生，也可以自我调节。总之，找到自身的价值才是你改变的起点。

女朋友要求婚房只写她的名字,我有点犹豫,怎么办?

提问

我跟女朋友是从大一开始谈恋爱的,已经恋爱四年了。最近看身边很多朋友都结婚了,我们也在考虑结婚的事。结婚肯定就要买房,但是谈到买房,我们就僵持住了。他们家说婚房要写她的名字,但我有点犹豫,所以就想问问您,对于这种情况,我该怎么办?

我觉得这件事你们可以敞开了讨论,但是讨论要有方法,不要动不动就上纲上线,上升到说"你瞧不起我们家人,你就是瞧不起我"这个层面,而是要用关键对话的方法,用互相尊重的非暴力沟通的方法,把这个问题讨论清楚。因为你们的目标是希望将来的婚姻生活能够持久、能够幸福愉快,不要埋下隐患。

我觉得两个人能不能在一起长期生活,涉及价值观的问题。**两个人的价值观慢慢协同,互相认可,觉得对方处理问题的方式方法自己都愿意接受,两人的生活才能和谐。**

不过,价值观的磨合在平淡的生活中是看不出来的,两个人整天一起上自习、一起考研,是难以让双方认清彼此的价值观的。现在你们面临着这些关涉财务的大事，刚好可以挑战一下，看看大家遇到困难和问题的时候，选择什么样的解决方法。孔子说，"视其所以，观其所由，察其所安"。看一个人，要看他用什么样的方法去做事，目的是什么，慢慢去了解双方的价值观，才知道能不能长期在一起生活。你们俩的价值观是不是能让你们协同一致地往前走，这才是判断结婚与否的一个方法。

最后，我觉得你的问题的关键其实还要看你到底爱不爱你女朋友，以及她有多爱你。

樊登输出书单

No.04 情感解惑

《三十七度二》
（法）菲利普·迪昂 著

《如何让你爱的人爱上你》
（美）莉尔·朗兹 著

《亲密关系：通往灵魂的桥梁》
（加）克里斯多福·孟 著

《他人的力量》
（美）亨利·克劳德 著

《少有人走的路》
（美）M.斯科特·派克 著

复盘时刻

01

女孩子在青春年华里保持一点骄傲,我觉得是非常棒的一件事,这才是享受青春的过程。

02

每个人最开始都是从父母那里习得人际交往方式的。

03

人是可以通过不断地接触产生感情并升华感情的,因为人最终要找的是情感方面的陪伴。

04

如果你在童年时期被父母伤害,这种伤害会一直潜伏在你的潜意识里,在找对象的时候它可能就会寻求弥补。

05

接纳自己不意味着自己做的所有错事都不去改正,而是"我知道我做错了,但我还是个好人,所以我能做出正确的选择",这才是自我接纳的本质。

06

我要奉劝天下所有的妈妈,如果你们真的希望女儿幸福,那就不要分散女儿的注意力。

> 在人际关系方面,不用攀附,因为能不能交往,有没有缘分长期走下去,不是个人努力的结果。

No.05
社交破局

弥补自卑感的正确做法应该是把自己的价值和社会的价值融为一体。

人没有必要因为要善良
就毫无原则，
谁找你借钱你都要给。

第一节　问金钱

不熟的人结婚邀请我去，要不要随份子？

提问

我是一个刚毕业的学生，身边很多同学、朋友陆续结婚，邀请我去参加婚礼，我就要随份子，每次随份子至少也要五百元，但是其中有些人我们其实并不熟。遇到这种情况，该怎么办，要不要随份子？

其实这个问题，熬过 35 岁就好了。像你刚参加工作，还没什么存款，每次参加婚礼都要随五百元份子，压力确实太大了。怪不得人们把随份子称为"红包炸弹"。

想起很久以前，我有一次随份子就特别逗。我的一位师兄结婚，我给他包了五百块钱的红包。给他的时候，我说："这五百块里，其中有两百块是红包钱，另外还有三百块钱是我还你的钱。"这样我把两份钱放在一起，既把红包给了，也把欠的债还了，而且五百块给过去也显得很有面子。

或者，你还可以像父母长辈那样，每次随份子都记下来，你随了多少红包，将来你结婚、生孩子时，也通知他们，把你送出去的红包再一个一个收回来。

如果你真的不喜欢、不关心这个要结婚的人，你也可以不去参加婚礼，或者给一个小小的红包，不署名不就好了嘛！不知道你有没有看过别人婚礼上收到的不署名的红包，大概就是这种情况。

  总之，把人生当成一幕喜剧，不要让这种"红包炸弹"成为你的心理负担就好。

不熟的朋友找我借钱，借还是不借？

提问

我相信我们每个人的微信里都加了很多人，有些人经常联系，有些人不怎么联系。如果你有困难，肯定会找那些经常联系的人帮忙，而不是找那些不常联系的人。现在，我有一个基本上不怎么联系的朋友，说他信用卡欠了四千块钱，问我借钱。我心里特别矛盾，不知道应不应该借给他。我问过身边的人，他们都建议不借。

我也遇到过很久不联系的初中同学向我借钱的事情，而且一借就是几百万，我就没借。借钱这件事，如果细说起来，是一个专门的话题，我打算之后找一本关于借钱的书，给大家仔细讲讲。

借钱的心理学是非常有趣的。如果你是借钱人，借之前"雷"在你这儿，是张口跟对方借还是不张口，你会很纠结。但是，一旦你张口去借，"雷"就被转移到被借钱的人那儿了，他就开始想，"给还是不给"，这份压力就从你这儿转移到被借钱的人那儿了。我也经历过很多借钱、还钱这样的事，根据我的人生经验，不借钱并不太影响人与人之间的感情。

你不用太去考虑对方是否真的需要这笔钱。每个人都要为自己做的事去承担责任。就像你那个不熟的朋友,他信用卡欠了四千块钱,他有没有想过,他为什么要花这么多钱?他欠钱的原因是什么?谁是他的经济来源?最应该对他负责的那个人是谁?你借给他四千块,有没有可能是帮他掩盖这个错误,导致他以后再去借八千,甚至可能给他家里人整出一个更大的窟窿?真是这样,到时候他家里人还会怪你,帮着他把贷款额度从四千跳到了八千。"塞翁失马,焉知非福"。到底哪个是对,哪个是错,这可都不一定。

人没有必要因为要善良就毫无原则,谁找你借钱你都要给。在成人世界里,熟人借钱也都未必敢给,不借给别人钱,并不算不道德。

如何委婉地让对方还钱?

提问

我现在在创业,有些朋友和亲戚动不动就找我借钱。其中一些是经常联系的,不借就好像亏欠了他们。但是借出去的那些钱,我又不知道该怎么委婉地要回来,您有什么好办法吗?

你这个问题,其实是一个千古难题。自古以来,"借钱"就是个大难题。前两天我看了一本大部头,名字就叫《借钱:利息、债务和资本的关系》,讲的是自古以来关于借钱的文化。你要是能把那本书读完,估计身上更多的钱也都会被别人借走了。

关于借钱给别人,就我自己而言,可以分为三种情况。第一种情况,借出去的钱没有要回来。别人找我借钱,借完了天天拉我出去玩,从来不提还钱的事,我估计他是忘了,所以我就选择不要了。我选择不要,是因为我觉得人比钱重要,内心会很坦然。第二种情况,我借了钱给别人,他不主动还给我,那我就主动跟他要,这种做法其实没问题。第三种情况,不借。有些人找我借钱,我不想借,我就告诉他我从来不借钱给别人,直接拒绝,这也没问题。在借不借钱给别人这件事上,我心态很健康。你要知道,借不借钱给别人,被指摘的那个人都不是你，背负道德压力的人当然也不应该是你。借还是不借，要人家还还是不要人家还，都是你自己的事，无论你选择怎么做，其实都没有问题。

　　回过头来看你的问题。你选择不借吧，怕别人说你是个坏人。借呢，你又担心钱要不回来；能要回钱来吧，你又不好意思张口。其实你可以活得洒脱一点，想怎么做就去做，因为这都是你的权利，不该有道德上的负疚感。所以，你的根本问题是把别人的评价看得太重。**一个人如果把别人的评价看得太重，做什么事都会纠结，做什么事感觉都不对。**借钱只是一个小小的考验，人生中让你纠结的东西多着呢！想开点吧。

别人是不是认可你，
关键在于你的信誉度。
当你把信誉度建立起来了，
你的影响力大了，
大家自然会选择跟随你。

第二节　问社交

周围的朋友身上全是负能量，我该怎么办？

提问

我身边有那么几个朋友，几乎浑身充满了负能量，每天都有好多抱怨。我是两个孩子的妈妈，每天努力早起去跑步，她们会说我"你神经病啊""这有什么用啊"，诸如此类，我的心情还是挺受她们影响的。对于这种情况，我应该怎么办？

我们每个人身边可能都会有一些充满负能量的朋友，不管你说什么做什么，他们都否定你。可能本来大家就有这么一种"共识"，觉得比较熟的人在一起就可以随意地互相贬低，这也是朋友间显得特别亲密的方式。对于如何处理这样的事，有很多方法可以帮助我们。

首先，我推荐你读《论语》。孔子说"无友不如己者"，这句话在历史上有特别多的理解，有的人从字面上解读这句话，"无友不如己者"，就是不要跟不如自己的人交朋友，要努力去找那些比自己更好、能够让自己进步的人做朋友。另外一些人就反对说，如果每个人都"无友不如己者"，那个更好的人又凭什么跟你交朋友呢？于是又有人说，这两种理解都错了，孔子说的"无友不如己者"，是说你的朋友一定有他的优点，值得你去学习。

我觉得这几种解释你都可以接受，关系不大。关键是你怎么看待友谊这件事。如果你觉得朋友身上有各种各样的缺点，那你能不能努力去发现他身上的优点，去找到他身上值得你学习的那部分，否则你为什么总跟他在一起呢？你跟他交朋友，一定是因为他会给你一些不一样的支撑，你多去关注他身上那些好的部分，把负面的、不好的那部分进行戏剧化处理。

所谓戏剧化处理，就是在脑海中把朋友的负面部分想象成一个卡通人物来对待，这是一种非常有趣也特别有效的方式。比如，下次你的朋友又开始散布负能量的时候，你就把朋友说的话想象成唐老鸭的声音"呱呱呱"，你可以告诉自己"唐老鸭时间又到了"。你只要这么一想，这件事对你心情的影响就消解了。这是心理学上一个特别有意思的方法，叫"解离"。如果你能用这种手法来解离，那你朋友所说的大量负面词汇，在你这儿就都变成了有趣的符号，不会对你产生太大的影响。

"无友不如己者"，我们可以更换朋友圈，去寻找更能聊到一起的人。同时，我们也可以从另一个角度去理解朋友，去发现朋友身上比我们强的地方，向他们学习。这时候，你会发现你的正能量才能真正地发挥出来。

总被老师和同学误解，我该怎么办？

提问

在学校里我总是被同学误解，也总是被老师批评。比如有的事不是我干的，别人偏说是我干的，我也解释不清，只能被批评。有什么办法可以避免这种情况吗？

在成长的过程中，你也会误解自己的妈妈或爸爸。由此我们可以知道，在人生中，被人误解是在所难免的。你的问题在于，为什么他们误解你会让你这么生气。这是一个需要你去解决的问题。

我做"樊登读书"，网上也有很多人骂我，说我是文化贩子等一大堆难听话。如果我像你一样，觉得委屈、痛苦、难受，非得跟他们干仗不可，那我的人生就变成天天干仗了。其实说那些话的人未必都是坏人，说不定他们还觉得自己特别正义。但是，他们误解了我。那我还干不干"樊登读书"这件对我来说特别重要的事呢？我肯定是要干的。

所以，如果你想从我这里得到一个可以让你避免被误解的建议，那你一定会失望的，因为误解永远都存在，即便你到了80岁，也会有人误解你。那我们要学习的是什么？就是在被别人误解时，我能不能笑笑说：搞错了，不是我。但是，如果你一定要惩罚我，那就来吧，我替他受罚，今天算我倒霉好了。这就叫"一点浩然气，千里快哉风"。

每个人都会有委屈，但我不会因为委屈而去伤害自己或别人。所以，以后被人误解了，你要学会笑一笑，告诉自己：又被误解了，记下来人生被误解的第214回，攒成素材将来写小说用。把它攒下来，它就是财富。

那么，从技术层面上来说，是不是可以减少被别人误解的概率？可以，办法就是多跟别人沟通。我写过一本书，叫《可复制的领导力》，里面讲到了"沟通视窗"这个概念。我们每个人都生活在四个象限里——自己知道、别人也知道的，叫公开象限；自己知道、别人不知道的，叫隐私象限；自己不知道、别人知道的，叫盲点象限；自己和别人都不知道的，叫潜能象限。**一个人的发展历程，就是不断减少隐私象限、盲点象限，扩大公开象限的过程。**

当你的公开象限特别大的时候，大家都了解你、都知道你的时候，误解就变少了。所以，我们要想办法跟别人多沟通，多交朋友。

最有效的方式是多给别人做二级反馈。所谓二级反馈，就是多去表扬别人，并且说出具体的理由。大多数小孩子喜欢挑毛病，看这个不对，看那个也不对，这是因为小孩子是最容易被挑毛病的，于是他们也就很快学会了挑别人毛病。像你这么大的小孩，如果能学会二级反馈，会显得特别珍贵。比如，上课时你可以说：老师，今天你这段讲得真好。虽然他可能别的都没讲明白，就这点讲清楚了。你学会了肯定老师、肯定同学、肯定那些你不太喜欢的孩子，大家就会越来越喜欢你。

我也是从你这个年纪过来的，小时候被人误解了，会感觉特别难受,都想拿头撞墙。心里还憋了一股劲儿:气死我了,你们都不理解我!但我那时候没有这种提问的机会,也没有人能给我做这样的解答,直到二十多岁看了《论语》,我才慢慢明白遇到事情应该怎么办。如果你现在有机会和时间,可以读读《论语》,早点明道理,这样你就跟别的同学不一样了。

性格太直经常得罪人，怎么办？

提问

我有一个问题，是关于情绪的。我是做形象管理的，从我的专业来说，我属于直线型的人，语言表达、情绪传达都是比较直接的。由于经常因为这点得罪人，所以很早以前我就意识到这是个问题，也做了一定的改善，还专门去学了瑜伽和冥想，但我觉得这些并没有从根本上解决问题，因为我感觉心里还是很憋屈。所以就想请教一下您，我应该怎么办？

如果形象管理还管人格，那这个可能是伪科学。伪科学有一个特征，就是不可证伪。什么叫不可证伪？比如，我是白羊座，别人会说"樊老师，你竟然是白羊座，不像啊"。"不像"本应该说明这个理论有问题，但他绝对不会怀疑星座有问题，他会说"八成是你读书读多了，性格变了"。你看，你给自己贴了这个标签，认定自己是直线型的，对你造成了多么糟糕的影响。这个标签已经造成了你的心理负担。所以首先你应该破除的是，相信自己是直线型人格。你只是性格有点直率而已。

为什么我跟你强调这件事呢？孔夫子讲的那句话对你很合适，"君子不器"。什么是"君子不器"？就是你不要把自己定义成一个固定的东西，你是一个灵活变化的人。你现在的心情和表现，跟你获得了多少学识，掌握了多少工具，清不清楚自己的心理状况，都有着非常复杂的关系。所以我希望你首先做到不给自己贴标签，不说"我就是这样的人"，之后遇到问题就解决问题，想学东西就好好去学东西。就算你说话比较直，会得罪一些人，只要不令他人和自己痛苦，那都是在合理范畴内的，没必要什么事都做到完美。不要盯着自己的缺点，你应该多去看看自己的优点，发挥自己的优点。

为什么我分享的好东西没人认同?

提问

我发现,每次我跟身边的朋友或是同事分享我发现的好东西,他们都很难认同或接受。我会想,我发现了好东西,分享给你,相信我,你去用就好了,为什么还要让我去说服你呢?

我从个人角度跟你分享一下我的感受。我从来不需要去说服任何人。就像现在,我戴着一块手表在这里讲课,之后就会有人问:樊老师,你戴的什么手表?我也想买一块。我跑步,也有人问:你的教练是谁?我也想跟他学。所以,**别人是不是认可你,关键在于你的信誉度。当你把信誉度建立起来了,你的影响力大了,大家自然会选择跟随你。**所以,你没有必要花那么多时间去影响谁、说服谁,只要让自己的生活变得更好就好了。

我们刚开始推广"樊登读书"app 的时候,有个代理商在山西做推广,都是找熟人,找他的同学、朋友,说:"我给你推荐一个东西,樊登读书,300 块钱一年,能听 50 本书,特别好,你试试吧。"熟人说:"我给你 300 块钱,咱们打麻将去,你别跟我说这个,懒得听。"你不是想挣钱嘛,那就给你 300 块钱。我们这个代理商就感觉很难受,我就跟他说:"你不用跟熟人聊,事业发展初期对你帮助最大的是弱关系,不是强关系。你跟陌生人推荐的成功率更高一点,他会认真听你说,听完试用以后就有可能买。你向身边人推荐,他反而会跟你抬杠、开玩笑,你要耗费很多精神,这是因为朋友间的氛围不适合做生意。"

孔夫子说过一句话,"唯女子与小人为难养也",得罪了很多女子,不过你要听一下后半句,"近之则不逊,远之则怨"。过去的女子很少有机会受教育,因此可能会有一个坏毛病,就是"近之则不逊"——关系太近了,就不把你当回事,老跟你开玩笑,以讽刺、挖苦、打击你为乐;"远之则怨"——离得远了就抱怨你,"你不把我当回事,咱们的关系这么疏远"。"小人之交甘若醴","醴"就是甜酒,小人之间的关系像甜酒一样,看起来很甜美,但是时间久了就会变质;"君子之交淡若水",君子之间的关系平淡如水,却细水长流。所以孔夫子说交往要"久而敬之"。什么叫"久而敬之"?咱俩特别熟了,我也不会故意刁难你,会更加尊重你,更加尊重你的建议,这是朋友圈的一种优化。《论语》是我们中国人都应该去学习的,所以,你可以让身边的朋友多听听《论语》,一起慢慢地改变。

另外,你不要为这件事烦恼。还是孔夫子说的那句话,"人不知而不愠,不亦君子乎",逐渐建立自己的信誉,等你的信誉起来了,你自然就会变成意见领袖。

比朋友发展得好而被疏远,怎么办?

提问

原来我有两个特别好的小伙伴,现在我们变得有点疏远了。之前我是我们中比较活跃的那一个,都是我攒局叫大家一起出来玩。我们三人结伴考研,但是她们两个人,一个没考上,另一个考得没我好。当我再叫她们出来玩时,她们都不出来了,我感觉很失落。我是特别看重朋友的,对于这种情况,我不知道该往哪方面使劲去改善,也怕用力过猛,让她们觉得我看不起她们。我该怎么办呢?

朋友之间,差距拉得足够大,反而能相处好,最怕的是就差一点点。人家考了个二本,你考了个一本;人家没考上,你刚刚过线考上了二本,还特别高兴。这样就很麻烦。所以,你必须得拉开跟她们的差距,差距拉得更大以后,她们就接纳你了,那时候再攒局一起吃饭就又没问题了。

总之,**在人际关系方面,不用攀附,因为能不能交往,有没有缘分长期走下去,不是个人努力的结果。**

你的善意被朋友拒绝了,如果你感到非常难过,且不能自我消化,有一本书可以推荐给你,叫《情绪急救》,里边专门有一章告诉我们,在面对拒绝的时候，我们应该怎么做。我们最大的问题其实是，被人拒绝后带来的自卑感，导致我们的自尊水平下降，这时候我们可以尝试去列举一些并没有做错的事来宽慰自己。

还有一种排解方式是解离。你把自己的人生想象成有个摄像头在拍摄你们三个女孩的故事，你们考完试以后，你的两个小伙伴不理你了，她们俩在背后说你的坏话……一切都没关系，你不是故事中的你，而是那个摄像头。通过那个摄像头去看你们三个人的关系，远远地看，只需要一两分钟，你的心情就会好转起来。如果你能把自己的人生当作一出戏去看，痛苦就会大幅度减少，但是现在你被裹在故事里做主角，痛苦就会被刻意放大。

实际上，你想想看，人生几十年，谁还没丢过几个朋友？这是一定会发生的。有的人跟得上，你们就一直是朋友；有的人跟不上，你们可能就会渐行渐远。最后能够成为终生的朋友，其实也要讲缘分，没有谁对谁错。说不定你未来还没有人家发展得好，不过那也不要紧，抱着平常心看待。知道自己是好人，知道自己还爱她们，就行了。所以，用一下解离的方法，学会从旁观者的角度看自己的人生，你就不会刻意放大自己的痛苦了。

别人总关心我的身材，该怎么回应？

提问

我身高一米七二，体重五十公斤。我的困惑是，不管是老朋友还是新朋友，见到我之后几乎都很关心我的身材。老朋友会说：你怎么又瘦了，没事吧？新朋友会说：你太瘦啦！我都不知道该怎么回答他们。

对你来说，最好的做法就是把他们的这种询问视作一种爱的表达。

朋友见到了你，总不可能说"今天天气不错"吧。说"天气不错"和问你"怎么又瘦了"，表达的意思是不一样的，前者只是寒暄，后者表达的是对你的关切。看到你瘦，他就替你担心，说明他关心你，说明他希望你健康，希望你没问题。当你把这种询问当作他们对你表达关心、表达爱的一种方式，你的内心就会平和、淡定、感恩，而不是一直不断去强调自己不喜欢被人这么问。

你知道你这个问题的核心在哪儿吗？在于你为什么会被这个问题搞得心情糟糕。解决了这个核心问题，即使再多一百个人来问你这个问题，都没关系。你应该修炼的方向是，把这个东西变成独属于你的一个哏。

古典老师写的《跃迁：成为高手的技术》里说了一个故事：有个

女孩牙缝特别大,她整天为此自卑,跟谁说话都用手捂着嘴,不想被人看到她的大牙缝。她也不敢谈恋爱,痛苦得不行,都快抑郁了,后来不得不去看心理医生。心理医生说:反正你都已经痛苦成这样了,那不妨更痛苦一点。怎么更痛苦一点呢?心理医生建议她用牙缝去滋水。如果见到她喜欢的男生,就含一口水,从大牙缝里滋过去。后来真的用这种滋水的方法获得了她喜欢的男生的关注,两个人开始谈恋爱,最后结婚了。她的同事们都觉得她从牙缝里滋水特好玩,她就表演给大家看,逗大家。

当你看轻这件事情,这事就过去了。你长得瘦,跟牙缝大比起来,算是很美好的一个缺点吧。你也可以拿它开玩笑,来回应朋友们的提问。为什么他们非得问?非得问,那是人家的权利,路上过来一个不认识的大妈都有可能拉着你说"闺女,你太瘦了"。试着接受它,这就是"我"获得爱的机会,获得爱的方式。这才是我们从这个问题中挖掘出来的对你有利的一面。

下次再被问到这个问题,你就回答他们:"谢谢。谢谢你的关心,我就这么瘦,每次刮风,我都不敢出门。"这不就行了吗?或者说:"我妈最发愁,说老觉得她虐待了我,其实我吃得特别多,就是胖不了。我去检查过甲状腺,完全正常。你说冤不冤?"用这个当作聊天的开场白,效果其实也不错,跟用牙缝滋水有异曲同工之妙。

性格内向的人如何在群体中提高存在感？

提问

我性格比较内向，在群体中说话或者交友时得不到重视，感觉自己被边缘化，久而久之，我感觉自己都不会说话了。我就像个透明人，这个圈子进不去，那个圈子也融入不了，存在感很弱。我想问，这种情况该怎么办？

多努力去替别人考虑，替整个社团考虑，一个不在乎面子、努力去做事的人，慢慢就会释放出力量。比如特蕾莎修女，她其实是不太会讲话的，后来却影响了整个世界。她的办法就是，能做一件好事就做一件好事，能多做一点就多做一点。这样下来，她的力量慢慢就变得很大很大。

我们和圈子之间隔着的那个东西叫"自我"，自我的壁垒越坚固，就越希望别人都能将就你、看到你、捧着你。越是这样，你就越难找到合适的圈子，因为没有哪个圈子是专门为你而造的。如果你能放下自我，就会很容易融入各种各样的圈子，只要你觉得你做的事情是有意义、有价值的就行。

通过你的问题，也能看出你有一点自卑。其实每个人或多或少都会有一些自卑感，如果完全没有自卑感，或许也就没有进步的动力，**自卑感在某种程度上是能成为人们前进的动力的**。如何弥补自卑感？人和人的做法是不同的。有的人是：你们都瞧不起我，好，我就要证明给你们看，我将来一定会是最有钱的！这其实有点糟糕，这个人这辈子只想挣钱，只会挣钱，活得却越来越痛苦，因为他总想通过挣钱来证明自己很强，实际上这个世界上总有人比他更有钱。有的人会说：你们都欺负我，好，等我将来厉害了，我再来欺负你们。这种弥补自卑的方法其实都是不可取的，它会让你的人生跑偏。

  弥补自卑感的正确做法应该是把自己的价值和社会的价值融为一体。当它们融为一体时，弥补自卑感的过程才是健康的、向上的，你所做的事为这个社会做出了贡献。当你为他人带来了好处，为社团带来了好处，为学校带来了好处，很快你就能融入他们，占据一席之地。所以，如果你想提高自己的存在感，你就要把自己和他们绑在一起，为大家做贡献，这才是有效的方法。

  你可以去看一下《钝感力》这本书。人生最难得的是钝感力，就是别那么敏感，不要太在意别人怎么说你。"做这件事面子上是不是挂得住"不重要，重要的是你有没有做出贡献。

在交往中被欺负了，我应该怎么办？

提问

我以前读书时，有过被校园霸凌的经历。我发现，那些比较好说话的人，或者说比较老实的人，经常会受到欺负，而那些欺负别人的人，反而有很多朋友。老实人被欺负，而欺负人的却得到更多，这是为什么呢？

中国人经常讲一句话，很有道理，叫"恶人自有恶人磨"。你去逛一下上海城隍庙，能看到一副对联，对我们这些小时候特别乖的人来说，特别有疗愈功能。这副对联是"人恶人怕天不怕，人善人欺天不欺"，横批是"你又来了"。

我小时候，我们学校也有一个小霸王，打架很厉害，很多人都崇拜他。长大后有一天，我看到他在我们小区里收物业费。我们俩四目相对时，他草草打了个招呼就赶紧走了，因为我是业主，而他是来收物业费的。所以，时间久了你会发现，没有人能靠霸凌别人得到更多。

对于被霸凌者，可以换个思路，把这段经历当成自己进步的契机。在被欺负的时候，不断磨炼自己的心理承受力，让自己的心理变得更强大——我就是打不死的小强、倔强成长的"杉菜"！同时，通过各种积极的方法让自己的外在也变得强大起来,改变被霸凌的局面。当你能够做到时,你也就慢慢成长、真正强大起来了。

对于遭受过霸凌的人,可以去读一读《身体从未忘记:心理创伤疗愈中的大脑、心智和身体》,它是专门帮助那些受伤的人疗愈心灵创伤的。

朋友之间,
差距拉得足够大,
反而能相处好,
最怕的是就差一点点。

所有的建议背后其实都是指责,指责就会带来"不被爱"的感觉。

第三节　问沟通

我一看购物直播就疯狂买东西,该如何控制自己?

提问

我最近有一个比较大的困扰,就是一进购物直播间就停不下来,疯狂地买买买。从瓜子、纸巾到护肤品,我买了好多,客厅都被堆满了。我该如何控制自己?

如果你买买买之后不感到痛苦就没事,不要过度自责。如果你买买买之后,你的正常生活受到了很大的影响,那你可能真的需要控制一下。

对你来说,如果想改掉这个习惯,最有效的方法就是不看购物直播。但是立马戒断似乎也是不现实的,因此我建议你试着用理智的眼光去看购物直播。消费者都有一种心理:不愿意吃亏——这个便宜抓不住怎么办?太亏了!所以很多人在看直播购物时,一看到好东西、各种优惠,就忍不住疯狂下单,生怕错过、吃亏。但其实,这些购买行为都是不理智的。因此,我建议你在看购物直播时,不妨在心里默念"有用的东西很少""好东西什么时候买都一样,哪怕贵一点也不吃亏",抑制自己的购买欲。为什么我会有这个经验?因为我劝我老婆购物的时候就经常这样说。当你把这些话印刻在大脑里，你就会发现，其实好东西什么时候都有，什么东西什么时候需要什么时候买，才是最优惠的。

此外，在看购物直播时，你可不可以分散下注意力，不要老是关注那些商品，可以试着关注直播过程以及主播们的直播方法，琢磨琢磨直播这种模式等。如果你能把其中的方法门道摸透，然后自己做直播卖点东西，是不是一件很好的事呢？我们试过在"双11"的时候找几个员工早上起来直播讲书，同时推出我们的会员卡，一上午就卖出去一千张会员卡。这确实也是一个蛮有意思的趋势。

总喜欢反对别人，应该怎么改正？

提问

我在接收到别人的观点或一些要求时，经常会直接拒绝或否认，但有时候我心里其实还是认同那些观点、乐意答应别人的要求的。比如在企业经营中，很多伙伴会提一些建议，我的直觉反应就是"这事不行"，然后找出好多漏洞，提出好多问题，说"这件事不能执行"，但是回去想想这事好像也可以试一试，又去推动执行。因此我常常在心理上觉得好尴尬，也因此有时跟别人的关系也搞得很尴尬。我这种遇事就撑的习惯，应该怎么改正呢？

你的这种思维方式，其实就是我们说的"六顶思考帽"里的黑色思考帽。《六顶思考帽》是爱德华·德·博诺写的一本书，他还写过一本《平行思维》，这两本书都值得我们看一下。他说，我们看待一个问题有六个角度：戴上蓝色思考帽时，要考虑各种思考帽的使用顺序，规划和管理整个思考过程，并负责最终得出结论；戴上白色思考帽时，要关注的是客观事实和各种数据；戴上红色思考帽时，要考虑感觉、感受；戴上黄色思考帽时，要从积极方面考虑问题，乐观，满怀信心；戴上黑色思考帽时，要用合乎逻辑的批判来表达负面看法，发现问题；最后，还有一顶绿色思考帽，戴上绿色思考帽时，不需要考虑逻辑性，充满创造力和想象力去做出各种假设，提出有创造性的解决方案。

这几顶帽子哪一顶最有价值？哪一顶都有价值。但是，如果片面放大单顶帽子的价值，比如说"我这个人只戴黑色思考帽，别的我都不听"，那就会有问题。这六顶不同的思考帽子，或者说这六种不同的思维方式，应该综合起来，才能减少决策的失误。所以，要学会的是先戴一下黑色思考帽，讲讲自己的顾虑，讲完以后，再戴其他帽子，红的、黄的、绿的、蓝的、白的，都试试看，从不同的角度来全面地考虑事情。如果是群体讨论，可以组织大家都戴一下这些帽子。而且，一定要让提反对意见的人戴一下黄色思考帽，发现计划里的优点；一定要让非常乐观的人戴一下黑色思考帽，找出计划里的漏洞。这样一来，大家可以在很短的时间里统一意见，得到一个相对安全合理的结论。

一个公司如果没有戴黑色思考帽的人，那就完了。你要看到你的这种思维方式的优势，把这个优势发扬光大，然后不断学习调整。

为什么总是听不进去别人的意见？

提问

我的问题是，不管是爱我的人，还是其他人，当他们对我提出善意的提醒时，我都会很崩溃，还会很抗拒，会有一种叛逆心理：我偏不这样，你不要对我指指点点。我不知道怎么破这个局。

首先你得知道你并不孤独。在这点上，其实所有人都是一样的，包括我。如果有人过来跟我说，"樊老师，你应该怎么怎么样""樊老师，你为什么不怎么怎么样"，我就会想，你凭什么来说我？有本事你来做，好不好？我内心也会有这样的挣扎和痛苦。

这个问题的核心可能是因为，我们童年受过很多这方面的创伤，没有得到疗愈，一直留存在我们的潜意识中。可能童年时别人没跟你好好说话，还经常指责你。**所有的建议背后其实都是指责，指责就会带来"不被爱"的感觉。**你怕失去这份爱，会开始自我保护，让你抗拒被建议。

越亲近的人给我们提建议，我们越不耐烦，因为我们会想："你是不是不爱我？你不爱我，我就要反击你。"这就是通常的状况。

这个问题该怎么解决呢？

其实，人一辈子就是在做这件事。《论语》里有句话，"夫子欲寡其过而未能也"，意思是"夫子在想怎么减少自己的过错，却做不到"。这不是很容易做到的。对我们来说，能做的事就是多读一些心理学方面的书。我推荐你读一本非常好的书，《身体从未忘记：心理创伤疗愈中的大脑、心智和身体》，它把"记忆是怎么形成的，又是怎么在潜意识中影响我们的"讲得很清楚。

海灵格的《谁在我家》，我觉得也挺有帮助的。我们莫名其妙做出的很多事，其实跟父母或祖父母一辈会有一些关联，这种家庭成员之间的联系非常微妙。这是第一招：读书自救。

第二招就是你可以去找心理医生。如果你觉得这事很严重，已经影响到和亲人的关系了，可以去找心理医生聊一聊，让他给你排解排解。可能你需要的只是倾诉，心理医生有一个重要的作用就是倾听，听你连续不断地倾诉。倾诉完了，可能不用人劝，你自己就好了。

第三招就是要学会知足和感恩，这是一个工具，很容易做到。你可以想想这些人给了你什么，你可以列出自己的"拥有清单"。我们生气常常是因为感觉自己得到的少。所以，把你拥有的东西都写下来，你会发现，其实这些才是最值得重视的。

亲人提出的观点或建议是好的，我们往往接受不了。同样的话，换成外人、路人甚至陌生人来说，我们却可以接受。这是为什么呢？《亲密关系：通往灵魂的桥梁》这本书讲得很清楚：结婚是人生的一次重生，找人结婚的目的，就是要弥补自己早年间受过的伤痛。一个快递小哥给你提个建议，你无所谓，因为你没准备让他来弥补你的童年创伤，你对他的期待和要求是完全不一样的。

对最亲近的人，我们则有更高的要求。搞明白了这个原因，这辈子你就可以慢慢跟自己和解了。

童年创伤比较重的人，与自己和解的路会更长。所以，要有点耐心。创伤已经产生了，就得跟它们慢慢相处，慢慢和解。

理解了所有人都有这个反应，你就淡定了。搞明白个中原因，你就可以慢慢去学着接纳自己的童年，爱自己。不要把伴侣当作疗伤的工具，否则你就会对他提很高的要求，最后的结果就是一拍两散。

演讲时如何做到轻松从容？

提问

我看您无论在台上还是在台下，状态都很放松、很从容。如果我也想修炼到像您这样，在演讲时这么放松和从容，需要怎么做呢？

"脸皮要厚"，这是核心。你要不在乎丢脸，不怕说完了话被别人挑刺、指责。你只需要问问自己，你做这件事是不是为了对方好。

我们讲过一本书叫《高效演讲：斯坦福最受欢迎的沟通课》，书里最重要的一句话是，**演讲要抱着"送礼物"的心态，一定是有一些东西要分享给大家、送给大家，才上台的。**会演讲的人未必参加过辩论赛，未必有特别好的口才，他只是有颗真诚的心。

一个完全不会说话、口才特别差的人，甚至连某种语言都没有掌握的人，也可以做出令人震撼的演讲。我推荐你去看一部电影——《印式英语》，它说的是一位不会说英语的印度妇女，跟着全家人一起去美国参加亲戚的婚礼。到了美国以后，全家人都觉得她很丢脸，因为只有她不会说英语。于是她就开始苦练，去参加英语培训班，去认识当地人，克服心理痛苦和心理障碍，一点点去学很简单的英语。直到最后一天，在婚礼上，别人考虑到她从印度那么远的国度来，想让她讲两句话，她老公就说，她不会说英语，他替她说。她突然说："我想自己说。"于是她就用她学会的一点点英语，把她在电视上学到的"尊重""独立"等好几个大词串起来，结结巴巴地用独属于她的印式英语做了演讲，讲得她老公眼泪直流，全场的人都被震撼到了。

所以，人能不能在公众面前好好讲话，能不能回归到平时的状态，核心不在别的地方，而在于你的脑子里到底在想什么。如果你做什么事脑子里想的都是自己的表现，"别人会怎么说我、怎么看我""我今天又丢脸了""我今天表现好棒"，想的都是我我我，你就会非常紧张。因为你觉得每一次演讲都是一个了不起的展现自己的机会，"靠这次我就要扬名立万了"。得失心太重，自然就放松不了。**得失心太重，是导致我们紧张的本质原因。**

我是经过多次演讲以后，才发现人很难通过一次成功的演讲来扬名立万的。我在辩论会上得了冠军，感觉人生到达了巅峰，抱着奖杯，所有人都过来跟我照相，结果照完相回到学校，我做的第一件事就是去补考，感觉一下子就被打回现实。最终你会发现，你所谓的荣耀时刻、光辉时刻、巅峰时刻，在别人眼中都是过眼云烟。回到现实，该考试考试，该挣钱挣钱。你服务不好，顾客照样投诉你，生活并没什么变得多么不同。

所以，别把自己的表现看得那么重，人若想真的生活得好，靠的是每天都在做正确的事，每天都在对别人好，每天都在为社会创造价值。

在跟强势的人沟通时,如何舒缓紧张的情绪?

提问

我不知道如何跟比较强势的人、能力特别强的人去沟通。比如给老板述职时,我会感觉特别有压力,有时候脑袋会一片空白。所以我想问的是,在跟强势的人沟通时,有没有什么方法舒缓紧张的情绪?

这是一个典型的心理问题。有很多种工具都可以帮你!从里到外,让你发生改变。

在跟比较强势的人、能力特别强的人沟通时,你之所以会感到紧张,是因为你的体内分泌了很多压力激素,也就是皮质醇。有本书叫《轻疗愈》,告诉我们可以使用敲击的方法来减少体内皮质醇的分泌。你可以在脑子里构想一下让你备感压力的画面,比如老板突然出现了,一步一步地责问你,同时敲击人中、肩颈、腋窝、百会穴等这些地方,抑制体内皮质醇的分泌。

这个原理实际上很简单。你在脑海中不断重现压力场景,却不让身体分泌皮质醇去呼应它,渐渐地,类似场景再出现时,你也就不会紧张了。有段时间,我坐飞机时总是因为飞机的颠簸而紧张,于是我就在脑海里幻想着飞机疯狂颠簸的样子,然后按照那个敲击法去敲击身体，敲完感觉就好了很多。这是一个直接的方法，你可以试试，看能不能帮到你。

还有一个办法，就是采用高能量姿势来改变自己体内的睾丸素。如果你体内睾丸素含量太低，皮质醇含量太高，那你就会紧张害怕，手心出汗。如果睾丸素含量高，皮质醇含量低，你就会表现出放松的状态，有一种足以掌控全场的感觉。去见领导之前，你可以先做一个这样的动作：双手叉腰，两条腿分开，对着镜子看。坚持两分钟，可能你的状态就会变得不一样了。

再往深层的心理方面去挖掘，你可以去反思自己小时候和父母的互动关系。有没有可能你小时候总是被他们挑剔，父母中有一方比较强势，整天都在批评你？如果存在这种情况，你就需要去照顾童年时的自己，闭上眼睛去回想自己小时候的样子，淡定地给他支持，给他力量，对他说：不用担心，我会保护你的。**当你疗愈了小时候的自己，你的内心才会有爱。**人需要爱，一个人获得了爱，在英文中叫 beloved（被爱），you are beloved（你是一个被爱的人），你才会有能量去跟上司面对面抗衡。当你能够爱人的时候，你更不用紧张了，你是给予爱的人，你紧张什么呢？

童年创伤比较重的人,
与自己和解的路会更长。

樊登输出书单

No.05 社交破局

《借钱：利息、债务和资本的关系》
（美）查尔斯·R.盖斯特 著

《可复制的领导力》
樊登 著

《情绪急救》
（美）盖伊·温奇 著

《跃迁：成为高手的技术》
古典 著

《钝感力》
（日）渡边淳一 著

《身体从未忘记：
心理创伤疗愈中的大脑、心智和身体》
（美）巴塞尔·范德考克 著

《六顶思考帽》
（英）爱德华·德·博诺 著

《平行思维》
（英）爱德华·德·博诺 著

《谁在我家》
（德）伯特·海灵格，（德）索菲·海灵格 著

《高效演讲：斯坦福最受欢迎的沟通课》
（美）彼得·迈尔斯，（美）尚恩·尼克斯 著

《轻疗愈》
（美）尼克·奥特纳 著

复盘时刻

01

一个人如果把别人的评价看得太重,做什么事都会纠结,做什么事感觉都不对。

02

所谓戏剧化处理,就是在脑海中把朋友的负面部分想象成一个卡通人物来对待,这是一种非常有趣也特别有效的方式。

03

一个人的发展历程,就是不断减少隐私象限、盲点象限,扩大公开象限的过程。

04

弥补自卑感的正确做法应该是把自己的价值和社会的价值融为一体。

05

演讲要抱着"送礼物"的心态,一定是有一些东西要分享给大家、送给大家,才上台的。

06

当你疗愈了小时候的自己,你的内心才会有爱。

> 孩子要过自己的人生。你是园丁,你让孩子自己长起来,长成他想要的样子。

No.06
优解教育

很多父母就是不知足，孩子做了很对的事儿，父母觉得"好像有机会，我应该再使把劲儿"，就把一切都变成了作业。

管好你自己的生活，
让你的思想深刻一点，
让你的生活有趣一点，
孩子自己就跟上来了。

第一节　问教育

错过了孩子成长的关键期,家长该怎么弥补?

提问

我 27 岁结婚,今年 35 岁,三年前要的孩子。在孩子到来之前,我就一直很焦虑,担心靠自己现有的一切,能不能给他好的教育。现在我儿子已经长到 3 岁了,但是我发现自己并不了解他,我好像没为他做过什么。现在我更焦虑了,因为我听你说过,0~6 岁对孩子来说非常重要,是孩子成长的关键期。我已经错过了孩子 0~3 岁这个关键期,樊老师,请您告诉我,未来三年我应该做点什么?

这个问题其实很容易回答。你要做的就是把爱、价值感和终身成长的心态赋予孩子。

你最大的问题是,你为什么那么爱焦虑,这才是你最需要解决的。按理说,一个男人在 32 岁时决定要孩子,做父亲,本身是一件非常美好的事。但是,生孩子是件大事,有焦虑很正常。如果对这么大的事都不感到焦虑,那说明他根本不在乎,很可能不能成为一个合格的父亲/母亲。但是,如果一个人只剩下焦虑,就像你说的,一开始就在焦虑,三年过后又发现其实什么都没做,只是用焦虑代替了做事,这就不对了。

你的问题,也是大多数人会有的问题。很多人在遇到事情后,往往只停留在焦虑上,然而过度焦虑并不能改变什么,只能让你原地踏步。我们要学会跟焦虑和谐相处,知道焦虑不完全是坏事,它有它的好处,**适度焦虑带来的是重视**,而不是痛苦,它会促使人采取行动。所以,你需要做的是适度焦虑,然后用做事来消除焦虑,做完事后多看到自己进步的部分,这样你就能活得越来越轻松、愉快、自在。

我做父亲之前也很焦虑,因为我连一只狗都教不好,更不要说教孩子了。所以,我就去买了很多亲子教育的书,全都读完以后,我内心就变得很笃定了,因为我已经了解了孩子成长的规律,在孩子出生后,我采用情感引导的方法来教育他,一步一步投入,最后对教育孩子这件事,就是越做越开心,越做越轻松。

此外,你还要去反思一下你和父母的关系。小时候,你的父亲或母亲是不是经常会严厉地责备你?一个人被强力压迫的时间太长,容易形成自我批判的习惯。如果不根除这个习惯,即使做得再好,也还是会持续焦虑。所以你要反思自己存不存在这种情况,如果存在,你也需要去处理。

孩子上课注意力不集中，该怎么办？

提问

我是一个孩子的母亲，我家孩子今年 9 岁了，老师反映他上课时注意力不集中，该怎么办？

一般来说，孩子上课或写作业时注意力不集中，可能是因为家里有人老分散他的注意力。核心在于他和父母的关系，如果父母给他造成了压力，让他一想到学习就会担心，就会害怕，就怕被人骂，那他肯定不会专心学习的。

我讲过一门课，叫"对孩子好一点"，这门课专门讲父母怎样不去做孩子的"猪队友"，去做孩子的"神助攻"。假如你学开车的时候，你老公坐在副驾驶上一直说"快，打灯，踩离合，踩刹车！快，减速，减速"，会对你有帮助吗？不是有这样一则新闻吗？一位女性误把油门当刹车，一脚踩下就直接冲出去了。她后来说，就是她老公一直在旁边狂喊，吓得她直接踩错了。所以，**旁边的人如果不停地批评我们，根本无助于我们把一件事做好。**

很多父母批评孩子时，最常说的是什么？"我有没有跟你说过""我跟你说过几次了"。这些话背后的含义是"这事不怪我，全怪你自己"。我们是在跟孩子划分责任,不愿意承认其中也有我们的责任。**不断责骂孩子的过程,就是不断推卸责任的过程,这导致孩子在学习上容易紧张恐惧,进而导致他上课、做作业不能集中注意力。**

实际上,你跟你老公如果能够稍微轻松一点、幽默一点,拿出更多的精力让孩子觉得学习很有意思——学科学很有意思,学文学很有意思,背古诗很有意思,你就会发现,你根本不用管孩子学习,孩子会一路小跑着去把各种该学的东西都学了。

对于孩子学习,很多家庭会出现这种场景:拿鞭子抽孩子——不学?啪!还不学?啪!一鞭子又一鞭子,督促孩子去学习,孩子变成学习的奴隶。谁愿意做学习的奴隶?很多孩子会去反抗,不反抗才怪!孩子走神、注意力不集中,就是潜意识中在反抗被逼着学习这件事。所以说到底,在孩子的学习上,有时候父母就是在帮倒忙。

之前有个女学员跟我说,她是985名校毕业的,但毕业以后,除了打游戏,别的她什么都不想干。我问她为什么,她说小时候爸妈天天逼她做作业,把她逼成了个学霸。她当时虽然特认真地学了,心里却在想:上完大学,我就再也不学了。她说她也很痛苦,不知道自己为什么会这样。其实,她的原因就是她内在学习的动力被扑灭了。

我推荐几本书给你,《你就是孩子最好的玩具》《如何培养孩子的社会能力》《叛逆不是孩子的错》,还有我自己写的《读懂孩子的心》,它们的核心都是告诉我们怎么去点燃孩子内在的学习动力。

孩子遇事总说学不会,为什么?

提问

我是一个单亲妈妈,在孩子五六岁的时候,我就希望他能够养成独立思考、积极勇敢的性格。因此,我总是会鼓励他去做一些事,但每次他都会跟我说"妈妈,我不会",我说"妈妈教你",他还是会说"妈妈教了我也不会"。我很想知道,他为什么会这样呢?

我猜想你和孩子以前的交流是不是这样的:孩子经常对你说"妈妈,你看我学会了什么什么",而你总是回应"你少来""你老实点""你别动"。如果是这样,孩子遇到事就说不会就一点都不奇怪了,因为孩子从来没有从你这里获得积极反馈,慢慢地,孩子的心态就变成"我学不会的,我做什么妈妈都觉得不好",他会变得越来越不自信。

身为一个单亲妈妈,既要工作又要带孩子,你要学着调整自己的压力状态。其实,我们对孩子的态度,重点根本不在于孩子做了什么,而在于我们的压力水平。压力大的时候,孩子不管做什么你可能都会觉得烦躁、生气——这孩子怎么这么不省心?压力适中或压力小的时候,他不管做什么你都觉得他可爱。你要让自己始终能保持轻松愉悦,这样孩子的行为在你看来才是可爱、有趣、好玩的,你才能发自内心地对他表示感谢、表示肯定，甚至表示赞叹。而孩子从你这里获得这些积极的反馈后，自信心自然就会慢慢建立起来了。

让孩子建立自信，其实还可以通过向孩子表达感谢来实现，尤其是对他很容易做到的事表达感谢，更能让他变得自信。比如他在公交车上保持安静，你可以向他表达感谢：谢谢你，谢谢你今天在公交车上这么安静，让妈妈可以休息。用感谢来肯定他做的事所产生的价值，他就能够感受到自己的价值，这样他就能变得自信了。

推荐你阅读一本非常重要的书——《感受爱：在亲密关系中获得幸福的艺术》。平时说到"感受爱"，我们总是希望别人能学会感受爱，希望孩子能学会感受爱，其实并不是，是我们自己首先要学会感受爱，学会调整自己的压力状态，以更好的状态跟孩子相处。

孩子看电视成瘾，怎么办？

提问

我有一个11岁的儿子，他小时候很爱看书，看了很多书，后来他跟家里老人接触得比较多，慢慢受到影响，变得爱看电视，而且有上瘾的趋势。我想请教一下，有没有什么办法，把他从电视旁边重新拉回到书的怀抱中？

首先，接纳是非常重要的。**人感受到的痛苦，往往不是来自痛苦本身，而是来自自己的想象。**我们会把没有发生的事当作已经发生了。孩子还小，就在想如果他考不上大学怎么办，天天活得很颓废怎么办。其实，这些根本都是没发生的事。所以，你首先要把这些想象跟真实世界分开，这个分开的过程在心理学上叫解离。但这不意味着我们不要去努力。最好的状态是，我们以努力的姿态活在当下。

孩子以前那么爱看书，为什么现在舍得放弃了呢？是不是没有人跟他讨论新书了？如果他喜欢看书，可以持续给他买书。孩子的学习是模仿式的，他不会听我们说什么，而是会看我们怎么做，然后去模仿。你可以带他一起去看书，去逛逛书店，再跟他讨论讨论书。所以，如果想让孩子多读书，你自己也要多读书。可以跟孩子一起制订一个阅读计划，一起来改变生活和学习的节奏。

此外，户外运动也很重要，要多带孩子进行户外运动。户外运动会促使人的身体分泌多巴胺，那种快感是看电视无法带来的。所以，大量的户外运动有可能减轻电视上瘾。

你还可以跟孩子讨论一下"成瘾"问题。有本书叫《欲罢不能：刷屏时代如何摆脱行为上瘾》，就是专门讲"成瘾性"的。你要让孩子意识到他有可能对电视上瘾，但即使真的上瘾了，也是可以改变的。你可以问孩子，他想跟父母一起做哪些事来改变，**要让孩子成为解决问题的主角，而不是被迫参与的配角。**甚至，你可以让他跟家里老人一起锻炼，让他带着他们出去散步，或者给他们讲讲书，从中获得给大人上课的成就感，慢慢地，他可能就远离电视，回归书本了。

在我们家，我儿子嘟嘟就会教保姆外语。小孩子都好为人师，在教的过程中，他和保姆都学到了东西。所以，要改变这件事，有很多方法。总结一下就是，首先你不要太痛苦，因为糟糕的事还没有发生；其次就是制订一个计划，让孩子成为计划的主角，慢慢改变。

孩子依赖电子产品，家长很焦虑，怎么办？

提问

从整体上来说，我们现在的生活状况其实是越来越好的，可是身边焦虑的人却越来越多，尤其是当了家长以后，对孩子的成绩和孩子对手机等电子产品的依赖，都感到很焦虑，怎么办？

其实焦虑是很正常的一种状态。原始人就开始焦虑，不焦虑人类可能就活不到今天。要有足够的焦虑，我们才会为了保护自己而愿意进步，所以焦虑可以说是人类进步的一个动力。当然，如果焦虑得太过，形成焦虑症，那就麻烦了。那怎么样才能管好自己的精神状态，避免过分焦虑呢？

有本书叫《压力管理指南》，这本书里谈到了 ABC 原理：A 是发生的事情，B 是你对这件事的看法，C 是最后的压力状况。孩子看手机，这是 A；我觉得不行，孩子不能看，这是 B；导致的结果是 C，我很焦虑。很多人喜欢通过改变 A 来改变 C——我不让他看手机，那我不就不焦虑了吗？但是，你不让他看手机，他有可能会瞒着你偷偷摸摸去看，怎么办？——我看着他，不让他偷偷看。那孩子心情不好，又生病了，怎么办？——我再来解决生病的问题。这样下去，问题永远解决不完。

所以,通过解决 A 来改变 C 是不可能的,真正有效的是解决 B,从自己身上寻找解决办法。现在大多数孩子都看手机,所以首先你没必要那么焦虑。其次,你想想看,孩子看手机也并非没有好处。假如他完全不看手机,他跟外界可能就没有多少交流,妨碍他认识世界。最后,想想其中有没有你的责任,你自己是不是也经常看手机。要想改变孩子看手机的问题,你是不是要先改变自己看手机的问题。如果能够通过改变这件事,跟孩子产生更深入的交流,建立更好的感情,那不是很棒吗?

换个角度来看待 A,你才能真正改变 C 的结果,从而把根上的问题解决。我希望你明白,**焦虑这件事,不能靠消灭现象来解决,而应该靠改变我们内心的承受力、改变我们看待事物的方法来解决。**

具体怎么让孩子减少对手机等电子产品的依赖,我也有一些建议。首先我们得多给孩子创造一些可以玩的东西,把他的注意力转移到一些更有知识性、更有趣的活动上来。你现在好好想想,除了看手机,孩子有别的好玩的吗?如果没有,作为父母,你就要给孩子创造更丰富多彩的活动,不用花很多钱。比如在休息的时候跟他一起去爬个山、徒个步、看看动物、打打球等,都是可以的。或者你自己读书,读完了跟孩子讨论,孩子能感觉到你在不断地进步,给他带来了很多新的信息,他会更有兴趣跟你交流。这样不仅让孩子放下了手机,还增进了你们的感情,一举两得。总之,想让孩子远离电子产品,就要多给孩子创造其他一些他感兴趣的活动,这是第一个建议。

第二个建议,也是我认为很重要的一点,就是不要靠打击他来改变他的习惯。**一个人自尊水平越低,越不会改变。**很多父母想让孩子改变,就不断打击他:你整天看手机,将来考不上大学,没人管你。

改变坏习惯的方法，不是责备、责备、责备，而是首先接纳他，然后寻找亮点肯定他，提高孩子的自尊水平。如果他自己不愿意改变，你收手机、摔手机、在家里装摄像头、跟老师联合控制他，都没用。

还有一本书推荐给你——《叛逆不是孩子的错》，这本书可以帮助你解决孩子的不良习惯问题。

孩子体质弱但又不爱运动，家长应该怎么办？

提问

我家是个男孩，6岁了，身体很弱，但就是不爱运动，我之前跟他商量报运动训练班，他都不愿意去。还有就是，因为孩子身体比较差，他有半年一直在海南，回来之后一直没上学。我怎么做能让他多运动，增强体质呢？

运动这件事，就是要多鼓励他。小孩子没别的，就是需要正面反馈。有正面反馈，他就会愿意运动。小孩子其实都挺怕挫败的，干一件事失败了，他们就会觉得这个不好玩，不想玩了。我儿子打乒乓球，一开始跟我打，老打不着，他就生气说不想玩了。后来他又练了一段时间，越打越好了，现在水平提高了不少，偶尔还能赢我几个球。那天他特别深沉地对我说："爸爸，你还记得当年你刚教我打球的事吗？"我说："我记得啊，你老打不着球。"他说："那时候我差点就不愿意打乒乓球了，要是当时我放弃了，现在该有多遗憾。"孩子会感受到学习的乐趣，所以你不要去放大"他不喜欢运动"这件事，多给他正面反馈，在他表现好的时候鼓励他、肯定他，给他一些赢的机会，慢慢地，他才会对运动感兴趣。

如果孩子身体确实比较弱，你不能随便让他运动，得听医生的建议。等到孩子恢复得差不多了，再开始运动，慢慢来。你不要因为这件事焦虑，父母对这件事焦虑，孩子就会对这件事敏感，改变起来就比较困难。运动本身是一件开心的事，带孩子运动是一件让双方都开心的事，所以你应该让开心的情绪去驱动孩子运动，而不是用焦虑、痛苦、吼叫去驱动。

孩子应该花很多精力学习中国传统文化吗？

提问

我们现在学习中国古代的这些哲学，影响身边的人，影响自己的孩子，从小培养他学习中国古代的东西，是否要比让他学西方的理念更有意义？

我没法评判学哪种东西更有意义。这就好比问爱情和亲情哪个更重要，没法衡量。如果你问的是，该不该花那么多力气学古代的知识，我倒是可以说一说。

古代的东西好在哪儿？你会发现那个时候的人可以花大量的时间和精力集中去思考。现在，这是件挺奢侈的事。现代人被社会惯例裹挟着，要参加高考，要赶紧工作，要评职称……每天都在忙着做那些应付别人的事。我们所做的事都是为了让别人看到。

孔夫子讲，"古之学者为己，今之学者为人"。古人学东西，往内在看，不断朝里找，找自己内在的变化。很多我们今天想不明白的事，古人早就想过了，而且给出了答案。你人生当中遇到的各种烦恼，翻开《论语》《道德经》《庄子》一看，里面都有答案。

我当年在北京做中央电视台节目主持人时，没人认识我，坐地铁都没人跟我合影。我就觉得这主持人做得真冤枉，谁都不认识，一天到晚愤愤不平。后来我读《论语》，一下子就被一句话击中了，"不患莫己知，求为可知也"，说得多好！不要担心别人不知道你，要担心的是你有什么好让别人知道的。就因为有这样的经典，中国精神才能穿越几千年历史而不散。

孔子是春秋时代结下的一个最重要的果实。孔子所确立的儒家思想，使得全民族形成了文化上的认同，这个文化认同保证了中华的大一统局面。这种智慧是值得每个人花费大量时间去学习的。

那是不是应该学三个小时牛顿，再学一个小时孔子，保持这样的时间配比？没有这么算的。当然，你也可以学牛顿，学爱因斯坦。人类的脑容量是足够大的，这些知识可能占用不了大脑十分之一的空间。没什么好纠结的，好好学就好了。

该如何跟孩子谈论"死亡"话题?

提问

前两天我跟儿子聊天,问他:"你长大了,能不能给我买一栋别墅?我想养花养鱼。"他说可以,接着他就哭了。我问他为什么哭,他说想永远跟我在一起,害怕我死掉。涉及生死这个问题,我觉得自己是个新手,不知道该怎样跟孩子沟通。

怎么跟孩子讨论生死这件事,是一个非常重要的话题。有很多书是讨论这种问题的,像《最好的告别》《耶鲁大学公开课:死亡》,还有一本专门写给小孩子的这方面的书,叫《天蓝色的彼岸》。

心理学家建议我们,**如果要给孩子做死亡教育,最好带他去看一棵大树,让他知道这棵大树会生长,会开花,会结果,会落叶**。落叶其实就相当于死亡,但落下的叶子又滋养了树根,让大树长得更好,这就是生命生生不息的过程,这样可以帮助孩子理解到,死亡其实是生命的一部分。

我是借着清明节给我儿子做的死亡教育。清明节时我们走在路上,看到每个十字路口都有好多人在烧纸。我儿子不明白,问他们在干吗。我说,他们在用这种方式跟去世的人沟通,希望他们能接收到自己的爱、信息和关怀。后来有一次，我们在一起讨论问题，说到多年以后爸爸妈妈走了会怎么样，他说："我给你们烧纸，然后我等着你们回来。"他这么说，我很感动。小孩子都是很爱父母的，就算父母打孩子，孩子还是一样地爱父母。这是真的，孩子对父母的爱是真正无条件的。有时他们爱父母，要远胜过父母爱他们。大人总是觉得，自己对孩子已经够好了，已经掏心掏肺了，但其实，孩子对你的爱才是刻骨铭心的，因为无论你多糟糕多坏，他都会爱你。

你还可以跟孩子一起看一下《寻梦环游记》这部电影。它其实是一部很好的死亡教育片。家族成员之间一定是有联系的，你心中对逝者的怀念，不仅对你自己有意义，对逝者也有意义。

最后，如果孩子问出了这个问题，父母千万不要惊慌。不要害怕孩子会纠缠在这个问题上。他们的注意力是短暂的，他们现在问你这么深刻的问题，也许没过五分钟就跑去看漫威、玩玩具了，所以不用太担心。这个其实跟性教育是一样的，孩子问一个问题，家长紧张得要死，而孩子问完可能就忘了，很快就去做别的事了。

不能接受孩子变平庸，我该怎么引导孩子深度思考呢？

提问

我在教育孩子的过程中，发现他有时候有好奇的点，但不愿意去思考，这是一个问题。另一个问题，就算他愿意思考，好像也不知道该怎么样去思考。还有一个问题，其实也是我最担心的，他思想比较简单，人云亦云，不爱动脑筋。所以我想听听您的意见，该如何引导和培养孩子深度思考。

我们应该思考一个问题，怎么才能让你这样的家长不要这么得寸进尺地对孩子提这么多奇怪的要求？

小孩子，你还是让他天真一点比较好。小孩子开开心心的、傻呵呵的，什么东西都只想浅层次的、表面的东西，高高兴兴的就很好。难道你希望你的孩子现在张口就说《孙子兵法》？说"孔子说过""老子讲过"，这还像个小孩子吗？

做家长的，第一要学会知足，第二要学会欣赏，第三要淡定。

最后这一条最难做到，是你自己不淡定，才会有的没的挑出这些问题来担忧。

我经常说，**很多父母对孩子都是得寸进尺的**。我为什么会用"得寸进尺"这个词？因为确实有很多父母就是不知足。明明你的孩子不打人，又爱学习，跟你的关系又很好，跟爸爸的关系也很融洽，看起来好像没什么问题，你非得挑："不行，他的思考不够深入，我要让他的思考更深入！"这样问题就来了。所以，放松一点，孩子干吗要思考那么深入呢？有什么好处呢？如果你真的想培养孩子某一方面的特长，或者希望孩子在哪方面做得更好，他做这些事的时候，你让他获得更多的多巴胺奖励就够了，这是最基本的原理。

一个人爱做一件事，是因为做这件事的时候他的大脑获得了多巴胺奖励。但是，作为父母，我们在旁边干的是：你光喜欢这个可不行，你还得喜欢那个。他喜欢了一件事，你不给他多巴胺奖励，你还打击他。没必要让"孩子思想深刻"，这是对哲学家的要求。

你天天在他面前表现的都是担忧、害怕，怕他还不够好，他从你这里获得的都是负能量，你想想看，他做什么事能深入下去呢？

你让孩子好好成长就好了。你管好你自己，你愿意思想深刻，你就思想深刻，你可以自己去读《思辨与立场》，学一点《孙子兵法》。孩子的思想能不能深刻，跟你现在使劲不使劲没有任何关系。你越使劲，说："来，咱们来做数独。""来，咱们来做逻辑题！"孩子反而会被搞得越来越平庸，因为他根本找不到乐趣。你使劲越大，他反而越不喜欢。其实你要做的，就是在他表现好的时候，发自内心地去给予鼓励和肯定，他才能分泌更多的多巴胺，才能够开心地继续坚持做下去。

你只要不破坏他的兴趣就好了，就不要老想着激发了。家长总觉得自己不做事就不行。其实，你多花点时间做你自己的事，**管好你自己的生活，让你的思想深刻一点，让你的生活有趣一点，孩子自己就**

跟上来了。只要你自己越来越好，孩子就能以你为楷模，也会变得越来越好。

放松一点，别再提这样的问题了。你这辈子有机会成为一个了不起的人，有机会成为一个思想深刻的人，不要过早放弃。

女儿和爸爸的关系有点紧张，怎么办？

提问

我女儿13岁，我们母女关系还比较和谐，但是她跟她爸爸相处起来，总是感觉压力特别大。他俩沟通，最终总是以她哭来收场。之后她会跟我说："妈，你去跟我爸说，我没法跟他说。"我爱人也会跟我说："我没法跟你闺女说。"有问题时就成了"你闺女"；把女儿的作品发到朋友圈得到很多人点赞的时候，他就会说"咱闺女"怎么怎么样。如何能让爸爸跟女儿的关系更进一步，或者对女儿做点什么辅导，让她有所改变呢？

听你的具体描述，感觉你是在自寻烦恼。其实你没必要那么担心，你跟你闺女关系不错，她爸爸也爱闺女，你就别鸡蛋里挑骨头了。生活没有完美的。

首先，接纳生活的不完美。你们家其实已经很好了，你老公不是一个很糟糕的老公，你女儿跟她爸爸也有感情。如果你老想好上加好，就会给自己带来非常沉重的负担。因为解决了这个问题，还会有别的问题。生活不可能永远没问题，所以我觉得，你要扭转看问题的方式，多看到自己幸福的那面。把这些东西当作美好的拌嘴，将来女儿上大学，离开这个家的时候，你会回忆起父女俩拌嘴的美好画面。

其次，如果你真的想改变你老公，最好的方法是给他一些鼓励。在他做对一些事的时候肯定他，得到了这样的回应，他会更有动力去坚持学习，坚持改变，做更好的事。他嘴里说"你闺女""咱闺女"，你就当作夫妻之间打情骂俏的一种方式好了。跟女儿这边，你也可以多讲讲她爸爸的好处。

不过有一个原则要遵守，就是夫妻俩不要同时训斥孩子。爸爸批评孩子时，妈妈再一起批评，变成混合双打，孩子的感受会非常不好，家里的态势就很糟糕了。一个人说，另一个人就闭嘴。也不要当面说正在教育孩子的人不对，可以私底下再聊。在孩子面前保持一个人说话就好。

在教育孩子时，你可以试一下，不要给你老公提任何建议，因为一个人给别人提的任何建议，在对方听来都是批评。你可以试着对他提问：那你觉得怎么做更好？上次是怎么说的呢？在什么地方她出现了反弹？

如果他说了一个理由，你不要说他"你别找借口，那就是你的问题"，不用批评他，而是去倾听，跟他做情感上的呼应："确实不容易，孩子大了就是很难管，那咱们怎么办呢？"用这种润物无声的方式，让他了解属于他的责任，努力去思考和改变。

用提问的方式，也就是辅导的方式，去改变自己老公的沟通方式，是很有效的一个尝试。你可以听一本书——《高绩效教练》，它能非常有效地改变人际互动模式。对你的女儿，你可以听听《如何培养孩子的社会能力》。不要在家里做和事佬，在老公和女儿之间搅和，那样你会特别累。

每个孩子的成长
都是一个复杂的过程，
不是简单地长大。

第二节　问叛逆

女儿正值青春叛逆期,我该怎么管教?

提问

我们家孩子正在青春期,特别叛逆。她现在12岁了,马上要上初中了。我有时候跟她沟通点什么,她老是说"你也不懂",就懒得跟我讨论,所以我就觉得挺焦虑的。她以后还要中考,现在得给她定好目标。但是她这样,我该怎么管教呢?

我以前跟邓晓芒教授聊天,他是中国著名的哲学家,七十多岁了。五十多年前,他开始读哲学书。那时候,他初中毕业,赶上"上山下乡",就到了农村,在那里找到一本列宁写的哲学书,从那时开始读,后来慢慢成长为一个哲学家,而且是中国一流的哲学家。他回顾自己的一生,说最大的收获就来自当时的"没人管",想读什么就读什么,喜欢哲学就使劲读。哲学有啥用?不知道,就是好玩。他一路读到康德、黑格尔,读成了哲学家。我和邓教授一起反思现在的教育方式,就像用冰棍模子做冰棍一样,先造好一个一个的格子,把孩子放进去,浇筑一下,出来的样子都差不多,行了,这就交差了。

每个孩子的成长都是一个复杂的过程,不是简单地长大。 假如我们就简单地要求孩子语文、数学、英语都不能差,最后他可能就会变成一个平庸的人。你的痛苦不是来自孩子，而是来自你自己的焦虑。

关于这个话题，我们讲过很多本书，对你来讲，可以先阅读《你的生存本能正在杀死你》这本书。你原始的兽性，就是做"原始妈妈"的那种感觉——我要保护我的女儿，我不能让她输在起跑线上——在你的潜意识里起作用。关键是，原始人根本不会判断对错，他们唯一的办法是看别人在干什么。别人跑，他就跟着跑；别人停下，他也跟着停下。他根本不明白为什么要跑，说不定不跑反而是对的。所以，如果我们用原始人的思路去生活，那就是——看别人争学区房，我也要去争；别人去争市属重点中学，我也要去争。这对吗？实际上，你的孩子可能有更多不一样的成长方式。换句话讲，你不管她，说不定她考学更容易。

你要明白，你的努力可能只会让事情更糟。孩子到了十一二岁这个年纪，父母能够做的事不多了。首先保护他的安全，这是很重要的。跟他多做情感上的沟通，让他更多地了解你的成长经历，过去面对困难的时候你是怎么做的，你有没有犯过错，你有没有走过弯路，你把自己的经历讲给他听就好。当孩子对你有了更多的了解，就会跟你建立起更深层次的感情。我们只能耐心地等待，等待孩子找到自己人生的使命。

在你"砰"的一下一股火上来的时候，你要学会先点点头，点头能让你的情绪水平下降一些，等情绪恢复正常了，你再去跟孩子谈话，时刻提醒自己耐心很重要。**孩子要过自己的人生。你是园丁，你让孩子自己长起来，长成他想要的样子。**园丁可以影响花——你可以给他正确的价值观，让他看到更美好的世界。孩子的眼界开阔了，价值观正确了，他就不会浪费自己的生命了。

青春期的孩子厌学，还有机会改善吗？

提问

我读了很多关于培养孩子的书，可是我的孩子已经大了，现在已经到青春期了，许多成长关键期都错过了，我感觉书里的很多方法对他来说已经用不上了。他现在变得叛逆、厌学，爱玩游戏。我还有机会改变他吗？还是说，只能静待花开？

看你怎么看待静待花开这件事了。人这一辈子永远都在静待花开，关键是怎么静待花开。如果你能够换一种更积极的方式跟他互动，关心他，理解他，跟他交流，陪他旅行，那也是一种静待花开的方法。

我们讲过一本书，叫《解码青春期》，是专门讲青春期这件事的。那本书的作者是个孤儿，在孤儿院长大，还曾被其他的大孩子侵犯过，身上永远都竖着刺。每到一个寄养家庭，他就开始计算：还有几天他们会赶我走？他就这样一直闹，直到遇到了最后一个爸爸，一个特别有耐心的人，最重要的是这个爸爸对待他特别有方法。这孩子酒后无照驾驶，被抓进了监狱，进去以后，他给这个爸爸打电话，叫他来保释自己。这个爸爸说：今天晚上你就住在那里，因为你做了错事，明天早上我会来保释你。第二天早上，这个爸爸把他保释出来了。

打架、喝酒、偷东西、乱开车，在我们一般人看来，这孩子肯定没救了。但是那个爸爸把他从监狱接出来的时候，跟他说：你视自己为一个麻烦，但是我们视你为一个机会。就这一句话，改变了这个孩子的一生。写这本书的时候，他已经是哈佛大学的一个学者，专门研究青少年问题。他这本书写得非常好。

《解码青春期》这本书就告诉我们，就算孩子到了青春期，犯了很多错误，他依然需要一个成年人，需要一个能够给他讲明白道理的成年人，耐心地陪伴他成长。**孩子比我们想象的更需要父母的陪伴，他们在青春期时特别焦虑，可能是因为自己很快要离开这个家了，很惶恐，担心自己没有更多的时间陪伴父母。**但是青春期的孩子不说，他们表现出来的是不断地推你：你离我远点，别管我。他不断地做这个动作，其实是不断地在考验父母到底会不会帮助自己。

作者给了一个很好的类比。他去坐了一个非常危险的木质过山车，上去以后就很紧张，因为车上没有安全带，只有一根压杆压在腿上。在乘车过程中，他就反复不断地去推那根压杆。推压杆的过程就是在尝试它到底是不是安全的过程。相似地，青春期的孩子不断地去挑衅自己的父母，其实就是想试试看父母到底能不能一直都在。所以，千万不要觉得之前的《你就是孩子最好的玩具》没跟上，《培养孩子的社会能力》没跟上，《正面管教》没跟上，一切就都晚了。其实是没关系的。

父母从什么时候开始觉醒？当你意识到自己身上的责任时，你就能真正觉醒，也就能找到正确的静待花开的姿势。**静待花开不是什么都不做，更不是延续过去的错误方法，而是去找到一个正确的方法，耐心地去陪伴孩子。**

10 岁女儿狂热追星,我该怎么阻止她?

提问

我女儿是个"00 后",现在 10 岁了,追星追得很狂热,我想请您帮忙,看怎么解决这个问题。

作为家长,你有没有思考过,她为什么会追星?

你需要从自己家的教育环境里去找答案。如果孩子过度依赖外在的偶像,很有可能是家庭教育导致的。否则她不会沉迷,只会普通地喜欢。就像我们小时候也喜欢过刘德华、郭富城,很正常。我不太清楚你女儿喜欢偶像的程度,是我们这样相对比较理智正常的,还是狂热到让人产生担忧的程度。

家长总是太喜欢考虑以后的事,一考虑就放大:这样下去变得怎么怎么样,该多么可怕!但是,想想你小时候有没有崇拜过某个偶像。你可能都忘记自己当年崇拜偶像的事了。当年你妈妈如果像你一样担心,她也会来提问的。你一开始提问的语气,让我觉得这孩子已经很严重了,其实并没有。你要反思一下自己的教育方式。如果你们的教育方式没有太大问题,不会给孩子造成极强的外部压力,她跟你们的关系是亲密的,她相信父母,有话愿意跟父母讲,那你不必担心,她喜欢偶像是很正常的,过一段时间她就会慢慢把重心调整回自己身上。如果你给了孩子极大的压力,或者总是在批评她,严重地伤害了她的自尊心,她就有可能会去依赖一个东西,依赖一个偶像,这样反而容易产生病态的心理。

在大部分情况下,小孩子对偶像的迷恋都会慢慢变淡,所以你不用太过担心。如果为了这件事跟孩子产生特别多的争执,整天担心,实际上就是在不断强化它,引导孩子向更迷恋的方向发展。因为小孩子都会有反脆弱的生长能力,你越是压制,他就越是反弹。

我儿子今年11岁,他小时候也迷恋一些明星,我没管他,现在他喜欢看篮球,开始喜欢那些篮球明星了。一个小孩子在一定的时间段喜欢某些东西,是很正常的。不用担心,只需要给他介绍更好的值得学习的东西就好了。

你可以跟她讨论,可以给她介绍新的东西,让她了解更多的内容。但是**切忌以随便去关她的电视、抢她的手机等这种不够尊重别人的态度来对待这件事,即便她是你的孩子。**

女儿总爱看不正经的书，怎么办？

提问

我女儿喜欢看一些情节很刺激的书，曾经有一本书，我看了一下，感觉太吓人了，就和她爸合谋把这本书给扔了。还有的书，情节很吓人、很血腥、很残暴。这样的书对孩子的价值观、人生观是不是会有不良的影响？我应该做些什么，来改变这种情况呢？

首先你要反思：你的孩子为什么这么喜欢看这些书？她没有在其他的地方找到乐趣，才会朝着人性中最容易被刺激的方向走。

人在趣味这件事上，有一个反脆弱的能力。什么叫反脆弱的能力？就是你越是打击它，它反弹得越厉害。阅读也是一样的。如果父母说这玩意儿不能看，太吓人，孩子会觉得好酷，"我爸妈都不敢看，我敢看"，她就更有动力去看了。这就是禁止不见效的原因，其实你不如跟她聊一聊，听她讲一讲，慢慢给她多介绍一些更好的书，让她感受到那些好书的力量。

换个角度，以我个人的经验，每个小孩小时候都看过很多很糟糕的书，但是这些书对他们人生观的影响其实是有限的。从另外一个层面讲，阅读它们反而能够帮他们养成用阅读来度过空闲时间的习惯。

虽然很多人小时候读了很多糟糕的书,但是只要他们养成了阅读的习惯,其阅读品位最终一定会归于经典,原因就是,经典的美好是高层次的,而低级的趣味不可能长期持续。就像《红楼梦》,一代人又一代人在读,永远都有读者,因为它是高趣味的经典。大浪淘沙,最后一定是好的东西留下来。

因此,你跟你女儿如果在这件事上出现了矛盾,你要做出取舍。父母偷偷扔掉孩子的书,对孩子的影响要比书本身大得多,她会跟你们学到,沟通不成功的时候就偷偷扔掉别人的东西好了。影响孩子塑造人生观的最重要的东西,是父母的行为,而不是那些书。

我儿子最近在读《2001:太空漫游》,这是我推荐给他的一本经典著作。我推荐他去读,他就去读了。你知道你的问题的本质在哪里了吗?孩子跟你的关系。你推荐的书她不读,你要反思为什么。我儿子把《2001:太空漫游》看完了以后,问我说能不能买到《2010:太空漫游》《2061:太空漫游》《3001:太空漫游》,他要把全套都买回来看。他就开始喜欢这些知识了,《牛顿传》《爱因斯坦传》《世界观》,他后来都读完了。我们可以引导孩子的阅读品位,但强制绝对不行。我希望你回家以后读一下《关键对话》这本书,好好读完以后,做好准备,跟你女儿来一次关键对话,尽量尊重她、引导她,用你的趣味去慢慢地影响她的趣味。

孩子焦虑易怒,家长该怎么办?

提问

我家孩子上四年级。我跟他爸爸离婚了,现在我和我母亲一起带孩子。我对他有时候挺严厉的,偶尔有些暴力,也打过他,那时候他会说"妈妈不爱我了"。现在他有些焦虑,爱发怒,已经两个月不上学了,我该怎么办?

孩子的焦虑,本质上一定是缘于父母和孩子的关系。 父母太过暴力,孩子就会容易焦虑。如果你们整天批评他、指责他,他就会得到一个这样的认知:我怎么做都是不对的。如果已经到了这个地步,让孩子休息一段时间其实没什么不好。最重要的是,要改变你和他互动的方式。你要了解怎么跟孩子建立爱的关系,怎样让孩子感觉到妈妈是他爱的屏障。孩子会觉得:爸爸已经不在身边了,如果妈妈也不爱我,我活着还有什么意思呢?我的人生没有价值了。一旦他觉得人生没有价值,他就不明白为什么要上学,为什么要学习。所以,你首先得跟他建立爱的联系,建立起爱的联系后,再慢慢带着他一块儿探索这个世界,让他知道学知识的好处。到时候可以给他听一些《达·芬奇传》《爱因斯坦传》《埃隆·马斯克传》《苏东坡传》这样的书,让他感受到有知识、有文化的美好，再逐渐带他从焦虑中走出来。

孩子休学半年一年的不是什么大事，千万不要觉得"完了，这都休学一年了，以后怎么办呀"。不要紧，还有很多人会带孩子环球旅行，玩一年的都有。只要你能正确地看待这件事，跟孩子说：之前咱们的互动可能有问题，妈妈决定改，咱们趁着这个机会休息，我们一起学习，共同找出一个更好的互动方法来。

你也可以多阅读一些"怎么跟孩子互动"的书，同时把观点也传达给家里人，爷爷奶奶如果性格太暴力也不行。过去我们都说爷爷奶奶宠孩子，现在很多家庭反而是爷爷奶奶暴力一些，因为他们年纪大了，有时候精力不济，精力不济就最容易暴躁。就按照这些方式，在孩子身上多花一点工夫，让他感受到爱和安全感，多鼓励他、肯定他，给他树立正确的方向，慢慢再找到新的契机重回学校。

女儿把职业电竞当作人生理想,我该怎么劝阻?

提问

我女儿 15 岁开始迷恋上手机游戏,她的目标是做职业电竞选手,自己私底下找了一些职业俱乐部,而且她已经达到了入围职业选手的水平。但她还只是一个十几岁的孩子,我和她父亲是走正规教育出来的,所以都很担心她在最关键的时刻偏离轨道。

我以前试过一些强制手段,她也用最强烈的对抗来回击我。现在她甚至对去学校上学都不感兴趣了,她说想走职业电竞路线赚第一桶金,然后再做自己最想做的事,朝九晚五的生活不是她期待的。我们很担心她,但也不知道该怎么劝阻。

迪士尼当年打算靠画漫画养家的时候,他的爸爸妈妈感觉这完全不靠谱,结果人家慢慢画出了自己的事业。

当然了,你会说这是一个成功的案例,还有很多人没画出来。但你知道人是怎么成熟的吗?一个人就是在不断的尝试和失败中慢慢成熟的。如果孩子消耗一大半的能量一直在跟父母对抗,他就永远不会成熟。他做的所有决策都是为了反抗父母,这就是一种悲哀。

也许现在你就体会到了，你断网、砸她的手机，甚至把她锁起来，肯定都没什么用。她可以离家出走，或者等她长大了，甚至会做出伤害家人或她自己的举动。那么，你唯一能做的事是什么呢？就是将来她混不下去了，你给她一碗饭吃。

我们特别祝福那些愿意探索未知领域的人，如果这些年轻人真的都能够成为演员、画家、摇滚歌手、电竞高手，该是多么美妙啊。但是，我们也知道，要在这些职业中做到顶级是很难的，这不像做工程师。一个普通的工程师也可以找到工作，对吧？而这些职业的风险系数要高得多，这是家长普遍不愿意孩子去从事它们的原因。但是，**只有让孩子自己去经历，被家人当作成年人去尊重，他们的自尊水平才能提高，才能做出真正属于自己的选择。**

《不管教的勇气》这本书就揭示了一个我们日常生活里特别大的谎言，就是家长对孩子说：只要你考上大学，我就不管你了。这个谎言会导致孩子的人生变得非常平庸，因为他以为考上大学，一切就会变好了。但是，考上了大学他就真的能过得很好吗？"考上大学"离"过得好"还远着呢。所以你先要放弃自己对大学的妄念。有的人就可以自学，想学什么东西都能找到办法，干吗非要靠文凭？而且，你对她未来的规划并不清晰，你并没有为她找到更好的职业。所以，对于她的未来，其实你也是稀里糊涂的。既然如此，干吗非得那么确定地要管她呢？

每个孩子最终一定是要靠自己的自觉性来实现成长的。

第三节　问矛盾

老婆经常对孩子大吼大叫，该怎么处理？

提问

我有两个女儿，大女儿9岁了，上三年级，小女儿9个月。在教育女儿时，我宠爱多一些，但我老婆控制不好脾气。我总觉得她对女儿的吼叫让女儿很不安，作为父亲，我也很不安。现在女儿的眼神已经透露出对抗的情绪，我老婆因此有了一点危机感。我们一起听过《非暴力沟通》这本书，但我还是不知道怎么去开导她、说服她，让她控制好自己的脾气。我不知道我老婆这样是不是跟她从小就失去了妈妈有关。

可以推荐她看一本书，叫《母爱的羁绊》。

你告诉她，这本书是专门讲母女关系的。如果她真的爱你们的女儿，尤其你们有两个女儿，就一定要了解一下这本书。这本书里讲，一个女人此生最难处理的关系就是母女关系，母女关系要比婆媳关系难处理得多。她这样控制不住脾气，首先得反思她和自己妈妈的关系。

你老婆从小就失去了妈妈，可能正是因为母爱的缺失，导致她跟女儿相处时感到焦虑，控制不好脾气。如果一个女性不能正确地处理跟妈妈的关系，或者她没有一个好的母爱来源，也就很难处理好她和女儿的关系。假如她同时又希望女儿特别好，像她想象中的一样优秀，最后女儿很可能就会成为她的敌人。将来女儿所有的痛苦和难过都会归咎到她头上，说是被她逼的，然后两个人相爱相杀。

妈妈和女儿的关系，大部分是相爱相杀的，不见面的时候想，见了面就吵架，吵完了内疚，循环往复，极度痛苦。而且，如果她管不好自己的脾气，让女儿也陷入了这种状态，将来女儿跟她丈夫的关系也会出现问题，这是一串连锁反应，最终导致这个家族里的每一代人都很痛苦。所以我推荐她去阅读《母爱的羁绊》，这本书通俗易懂。如果心态再开放一点，她可以跟女儿一起在"樊登读书"上听这本书，听完后向女儿道个歉，之后跟女儿订一个计划，说："妈妈以后不喊了，好好说话。"只有理解了自己为什么发脾气，她才能少发脾气，所以这本书对她是最对症的。

放养的孩子成绩差,怎么办?

提问

我其实花了很多时间在孩子的教育问题上。我听过老师讲的所有教育类的书,《不管教的勇气》《终身学习》《正面管教》等,我希望用翻转式教育的学习方式,去培养孩子的综合能力。我希望他在一年级时就能养成一个良好的生活习惯。他现在很自律,我们每天会去晨跑,花很多时间去自学。因为花了太多时间在综合能力的培养上,他在应试方面的笔试和学习可能就稍微会落后,老师找过我谈话,说他的学习成绩其实不太理想。坦白说,我觉得我之前的培养方向和中国的应试化教育有些冲突。我不知道是我自己的心态不够好,还是这个冲突本身就不可避免。

老师找你谈话,你就陪老师聊聊呗。焦虑本身不能给你带来帮助。没有一个必然结论说:只要放养,学习成绩就一定差。我见过特别多的高考状元,他们可以分为两类:一类是玩命学成高考状元的,这种孩子的精力基本上都被掏空了;另一类是玩着玩着成为高考状元的。很多事情,如果真的做对了,它就是轻松的。哪有什么绝对的对错?

学放养,我们不能只学一个外表,手中的那根线还是要牵得很紧。也就是说,你读过学过这些知识了,所以强调孩子要靠自己,但是你自己还悄悄在旁边盯着，天天观察，"哎呀，孩子最近又不行了，我得加把劲儿，我得做点什么让他变得更好"。你自己的生活重心不能完全放在孩子身上！一个大人把生活重心全放在孩子身上，那么孩子的压力就太大了。这种是假的放养。真的放养，是"我打心眼里相信，一个人如果自己不会管理自己，说什么都没用"。

你说，你一定要在孩子一年级时帮他养成一个良好的学习习惯。这个观念其实错大了，很多家长都是用这样的话来控制孩子的。一年级要养成良好的学习习惯，之后就觉得二年级也很重要，那么三年级涉及跟高年级衔接，就更重要了，四年级是个转折点，更更重要。家长永远都有这样的说辞去干涉控制孩子。实际上，就在你所谓"帮他养成一个良好的学习习惯"的过程中，他的自觉性就已经被破坏了，他的心理认知就已经开始变成"说什么放养，你们都是骗我的。你们还不是要盯着我学习"。

人学习的过程就是不断犯错的过程，你要有一定的包容度，而不是一被老师叫去谈话，就紧张得要死。这么紧张，你跟他的同学有什么区别？你不也是个小孩子吗？所以，你要做好一个成年人，跟他的老师进行成年人的对话，去了解老师告知的情况，看看哪些是可以配合、可以沟通的。但是回到家以后，你要告诉孩子：老师跟我聊了，不过我并不担心你，你挺好的，你现在哪些东西做得好，哪些东西有问题，你自己分析分析。真正让孩子成为他生活的管理者。

人最重要的力量，永远来自他的内心。孩子可以自己管理自己，爸妈只是孩子在这个世界的导游，这个比喻在我看来一直都是很准确的。导游的任务是给孩子把这个世界讲明白，这是什么，那是什么。导游还要给游客一些空间，让游客自己去探索：这段时间你就自己去看吧。这是导游的责任。这样一来，这个孩子就会是一个很开心、很有探索精神的游客。但是我们的很多家长不是做导游,是做黑导游。他们绑架了孩子,让孩子按照他们的方式去做,孩子就会觉得旅行一点意思都没有,上啥大学?没意思。他觉得什么都没意思。

此外,你也不要再说一些"假如他没有那么做,现在会不会更好"的话,没有"假如",他现在这样,证明这就是他最好的状态,所以你也可以看看《自卑与超越》那本书。

二宝出生之后，大宝非常失落，该怎么办？

提问

我有两个儿子，小儿子现在才 4 个月。我发现在小儿子出生后的这段日子里，我大儿子的变化很大。我们俩以前沟通得挺好的，但是有了这个弟弟以后，我感觉大儿子一下就变小了，现在什么事都得让人帮他去做，特别黏妈妈。因为妈妈还得照顾小弟弟，不能完全照顾到他，他就觉得特别委屈。看他这样，我想跟他沟通，但他特别抗拒，我们沟通得不太愉快，他动不动就把我锁在门外。我也只能任由他，想着等他愿意沟通的时候再跟他沟通，可是我发现我总也等不到，我都不知道该怎么做了。

有个心理学家告诉我，生第二个孩子之前你要跟老大讲：爸爸妈妈很爱你，因为你表现得特别好，所以我们要给你一个伴。这个伴将来陪你的时间比我们还要长，那就是你的弟弟或妹妹。随着肚子里的孩子越来越大，你要让他参与进来，让他去摸一摸，听一听弟弟或妹妹的心跳。等到生孩子那天，要准备两份礼物，一份礼物给小的，一份礼物给大的。把两份礼物都给老大，告诉他：你今天成为哥哥了，这个礼物是用来向你表达祝贺的。另外这份礼物，是我们用来迎接弟弟的，你来负责迎接他。带着老大和两份礼物一起到医院去。见到小宝宝的时候，就让他把礼物给小宝宝，让他对小宝宝说："欢迎你来到咱们家。"就在这一刻，这两个孩子之间就会建立起联结，他会感受到，有个小宝宝是一件很快乐的事，因为他得到了一份非常难忘的礼物。

当然，这是理想的状态。如果做那些事情的时机已经过去了，那么我们可以做的就是尽量照顾到两个孩子的情绪，并且要多关注一下老大。因为老大经常会觉得，家里人都在围着小的转，都不理他了。我们中国的很多亲戚，去看孩子时表现得非常糟糕。看完小的，会对老大说："你完了，爸爸妈妈现在不要你了，跟我走吧。"他们这样吓唬这孩子，自以为这样逗小孩很有意思，实际上这会给孩子带来很大的心理阴影。他会觉得，有了弟弟以后，爸妈都不要我了，我要被别人带走了。所以，要提前跟亲戚们沟通，让他们不要说这样的话。

还有一个方法，就是让大儿子参与到照顾弟弟或妹妹的活动中来。小孩子是很愿意帮忙的。你要是跟小孩子说，来帮妈妈做个什么事，他会说"我不去，我不干"。但是你问他："愿不愿意成为妈妈的帮手？"他就会很乐意。名词要比动词好用得多。这是跟孩子沟通的一些小技巧。让孩子参与进来，感受到照顾弟弟或妹妹的成就感，父母及时给他做二级反馈，这个阶段肯定能平稳度过。只要处理得当，这个过渡时间都不会特别长。

处理不得当的状况是什么样呢？就是全家人都把孩子的这种抗拒情绪看成麻烦。在这种情况下，孩子就会知道这样最容易获得你们的注意力，他就会不断尝试使用这个方法，整件事就停不下来了。所以，**我们不要把孩子的抵触情绪当成麻烦，不要焦虑，而是更多地去发现他的亮点，更多地去鼓励、肯定、塑造他的行为，对他表示感谢，让他能够明显地感受到，父母对弟弟或妹妹和对他是一样的。**

二胎家庭,家长如何平衡跟两个孩子的关系?

提问

我是两个男孩的妈妈,老大 14 岁,老二快 5 岁了。两年多前,老大"小升初"进了一个所谓"菜场中学",当时我的挫败感非常强,有段时间走不出去。

我可能真的跟那类中学的教育理念有点不一样。当时我就特别关注老大的学习,把老二完全交给了保姆,后来老二就变得特别霸道,所有的事情都要听他的,没有人可以反对他,甚至在学校也这样。我觉得这个问题还是蛮严重的,就赶快调整自己,把重心放在了老二身上。之后老大去住校了,等他回来时,我就感觉我们之间变疏远了。他现在到了青春期,也很需要家长关心。我的问题就是,像我这种有两个孩子的家庭,如何去平衡跟两个孩子的关系?

我只有一个孩子,但我生长在一个有两个孩子的家庭,我有一个姐姐。

首先,我从原生家庭里得到的启示就是,不用这么紧张,孩子有自己的成长之道。你可能太过紧张了,整天觉得这要出问题了,那要出问题了。你要相信孩子的生命力。你家老二喜欢以自我为中心,喜欢别人都听他的，说不定领导力很强，也许周围就有一票小朋友都愿意跟着他，等他长大了，说不定是个创业者、领导者。这算是坏事吗？你完全可以放松点，做做保养，学学画画，甚至创个业。你活得精彩一点，孩子自然就会变得更好了。如果你一天到晚盯着他，为他操碎了心，反而会让他活得很内疚。

妈妈不开心，孩子就不会开心。你知道吗，孩子特别希望父母开心。我记得我们全家气氛最好的时候，一定是每个人都很开心的时候，这个美好时刻会在小孩子的脑海当中形成一个非常深刻的记忆。但是，如果孩子长大后，发现妈妈整天都是内疚的，就算他嘴上不承认，心里也会觉得这是他造成的。所以，你这种内疚感会给他带来非常大的负担，让他以后无法坦然去过属于自己的生活。

至于14岁的老大跟你越来越疏远了，这是很正常的，以后你们只会越来越疏远，因为他已经长大了。长大以后，他的重心一定会从父母那里转移到学校和朋友那里。也就是说，权力交接产生了，权力从父母这儿交接到朋友那儿了，等他踏上社会，权力还要再转移到其他人身上。

所以，**你要学会优雅地退出了，优雅地退出孩子的生活，去过自己的生活**。将来，你的两个孩子都长大，你还要活几十年，难道再生一个？人非得有个孩子才会生活吗？与其等到孩子成年以后离开家庭，自己变成"空巢老人"，再去学着找属于自己的生活，不如现在就开始，对不对？

两个孩子经常"争宠",该如何管好他们?

提问

我是两个孩子的父亲,我有一个男孩,一个女孩。男孩和女孩的教育方法是不一样的。父亲一般跟女孩比较亲,但是这样儿子会吃醋;要是跟儿子好了,女儿又不太高兴。我很困扰,想请您给我介绍几本书,能让我把他们俩都管好,控制起来或者说培养起来。

你用"控制"这个词,就暴露了你心底的问题。**在心理学上,没有口误这种事,口误泄露的是潜意识的想法。**通过你的用词可以看出来,你的控制欲太强了,你太希望孩子按照你所设定的方向去发展了,这就导致你觉得,就连孩子撒娇说你偏心这样的事,都应该掐灭。

我猜测,像你这么和蔼可亲,你的儿子和女儿应该很健康、很活泼,但是很多爸爸妈妈无法享受这种状态。总是说,孩子别的地方都不错,就是经常吵架、争宠,就是如何如何。因为你的眼睛只盯着缺点和错误,只盯着风险,导致你没法享受人生。所以不用给你推荐几本书,只要一本就够了。中国有句古话叫"一本正经",你知道是什么意思吗?就是能吃透一本书就够了。我带孩子,用一本《论语》就搞定了,再不然换一本《你就是孩子最好的玩具》。

北宋开国功臣赵普"半部《论语》治天下",如果你真能从《论语》中选那么一两句,终身默诵,就足够用了。比如,你就念一句"不迁怒,不二过",并真正运用在生活里,你会发现,你跟所有人的关系都变好了。我们生孩子的气经常是在迁怒,这没必要,也不正确。我们要去享受生活,而不是不断从鸡蛋里挑骨头,想要追求更好——那不是为了"更好",而是你觉得自己不配过幸福的生活。

不要不安于幸福。不要觉得幸福的生活里肯定还藏有危机,为了解决这些不存在的危机大动干戈,凭空制造出很多矛盾。其实孩子之间的矛盾并没那么大。

如果你非要我推荐书的话,我推荐你读一下《不管教的勇气》。这个书名听起来像是在教唆家长不负责任,其实它的核心是,**每个孩子最终一定是要靠自己的自觉性来实现成长的,意识到人生是要靠自己来学习、掌控、打造的,这样你才能做到不管教。**

孩子的自觉性怎么建立起来?父母有耐心,去爱他,去发现他身上的亮点,对孩子表达感谢,就能让他们建立起自觉性。谁家有两个孩子能不打架?不可能的。我跟我姐姐相差 8 岁,一样会打架。孩子之间一定会闹矛盾的,但我们要安于这个现状,享受它,喜欢它。

你要学会优雅地退出孩子的生活,
去过自己的生活。

你心中的"我"越大，
　你的烦恼就越多。
你心中的别人越大，
　烦恼就越少。

第四节　问教学

该怎么帮助留守儿童和在单亲家庭长大的孩子？

提问

我是一名老师，之前发现一个学生自虐。后来我了解到，他是在单亲家庭长大的。我们学校每个班几乎有三分之一的孩子都是留守儿童，或者是在单亲家庭长大的。我知道他们和别的孩子其实没有什么区别，作为老师我很想帮帮他们，可是除了告诉他们"爸爸妈妈虽然不在一起生活，对你的爱却并没有减少"，我真的不知道还可以做什么。

首先我们要不断向这个社会强调，单亲家庭不是问题。为什么？因为如果整天强调"单亲家庭"是一个社会问题的话，会给很多孩子造成沉重的心理负担。大家都知道，现在离婚率很高，单亲家庭比过去要多得多。这些家庭，或者说这些家庭里的孩子，真的会有问题吗？反观一下历史，我们会发现，很多伟人都出自单亲家庭。孔子，单亲家庭；孟子，单亲家庭；王阳明，单亲家庭。所以，没有任何证据证明，单亲家庭的孩子一定会不正常。在一个父母双全的家庭里，孩子一样有可能缺少爱。许多父母双全的孩子也会自虐。你不要觉得自虐的孩子会疼，他不觉得疼，他感觉到的是那个疼痛给他带来的快感。

有本书叫《身体从未忘记：心理创伤疗愈中的大脑、心智和身体》，读过它，你就会明白，一个人为什么会自虐。他一定是有非常多的痛苦，非常多的伤心、绝望，内心积满了被伤害的感受，这时候他需要的是对话、聊天、关爱、鼓励和耐心。这样的孩子很容易叛逆，你就是对他好，他也可能会叛逆，可能会做一些反复不定的事。你还可以去看一部对你可能会有帮助的电影——《心灵捕手》，讲的就是一个教授怎么去帮助一个非常叛逆的孩子慢慢走回正轨的。除了给予他爱与关怀，耐心等待，其实没有什么特效药。在这一点上，老师能够起到的作用不亚于家长。

我妈妈当过老师。我还上小学的时候，她班上有个学生，父母都不在了，是个孤儿，他是跟着姑姑一起长大的。姑姑家有很多小孩，根本照顾不到他。那个小孩上学时，手上全是冻疮，溃烂得一塌糊涂。他状况很糟糕，学习也不好。我妈妈就像那个孩子的妈妈一样去照顾他，给他织手套，做衣服，带他回家吃饭。那个孩子心理就很健康，长大后成为一个出版社的美术编辑，跟我妈妈一直保持着良好关系。

作为老师，我们千万不要去强调家庭背景对孩子的影响，这会让孩子感到压力巨大，他就算有机会去变好，可能也会放弃。因为如果他变好了，他就不是单亲家庭出来的孩子了，单亲家庭给了他一个堕落的好借口。青春期的时候，人很容易找借口，因为那时候还没建立独立的自尊体系，所以一旦有个堕落的借口，他可能就会顺流而下。学习毕竟是一件相当需要毅力的事情，也有点难度。我们所能做的事，就是给这个孩子更多的关爱，让他感受到被爱，让他感觉到自己有家。**家庭的感觉，不是一定要跟父母联系在一起的，只要有人爱他，他就有家。**

桑德拉·布洛克演过一部电影，里面有个长得又高又壮、块头特别大的黑人男孩，学习成绩很糟糕，总考 0 分，在学校里整天被人嘲笑。他家里的家庭暴力情况很严重。桑德拉·布洛克是他的老师，她就把这么一个危险的高个子黑人男孩带回家，给他家的感觉。最后她发现，这个孩子有一个特长。只要发生危险，他就会第一时间扑过去保护别人。这个老师就说：你这么会保护东西，可以去打橄榄球。最后，这个孩子成了美国最著名的橄榄球明星之一。这个电影是由真人真事改编的。一个孩子只要找到了家的感觉，找到了归属感，发现有人关爱自己，哪怕这个爱不是来自父母，而是来自老师、邻居，他依然可以过得很幸福。

我们每个人都有机会接触到这样的孩子，我们不要只是抱怨，只是感慨，只是跟自己的孩子讲，"你看他多可怜，你看你多幸福"。我们不是只生活在自己的小家里，我们还可以做一些事，尽可能地给这样的孩子一些关怀和爱，做一些力所能及的好事。**来自陌生人的善意，说不定也能改变孩子的一生。**

碰到不好相处的家长，老师该怎么做？

提问

我是一名幼师，想把全部的爱都给孩子们，但是在工作中我发现，很多时候我们会被园长的观念和家长的瞎指挥束缚住。比如孩子在幼儿园玩耍的时候受了一点点伤，家长就会特别生气，在幼儿园大闹三天三夜。这样对幼儿园的管理来说特别不好，会导致幼儿园更倾向于让孩子们少活动，以确保安全。那么，孩子们每天在幼儿园的生活就是站好、坐好、别乱动乱跑，这对孩子的成长非常不利。我夹在中间，不知道该怎么做才能对孩子更好，让自己也有所成长。

我相信这个世界上有那种为鸡毛蒜皮的事去幼儿园大闹三天的家长，也有通情达理的家长。首先，我们可以去努力感受通情达理的家长带来的反馈。而那些爱大闹的家长，如果我们发现其实他的内心也还是一个孩子，之后怀着关爱的心情去对待这些看起来不可理喻的人，你才能做一个了不起的老师。了不起的老师未必多出名、多伟大，只是心中装着对其他人的关爱，在这种关爱之情下，你做出的行为就会逐渐影响那些家长。如果你不是改造了一个孩子，而是把一个爱闹的家长改造好了，我觉得更有意义和价值。

如果园长的观念难以改变,你可以建议园长去别的城市的幼儿园参观学习。假如这也做不到,最起码你可以带好自己的班。如果有条件,你可以想办法自己去办一家小小的幼儿园,乃至小小的早教班。无力感来自无法解决问题,力量感来自你可以有所作为。找到了办法,你会觉得可干的事很多,随便干什么都能够传达爱。

最后,我给你讲一个案例。当年我在《今晚博客》做主持人的时候,在一期节目中采访一位韩国人,他的名字我现在已经忘记了。他在沈阳开了一家儿童福利院,专门收养脑瘫儿童。我们的主制片人一直在耳机里跟我说:嘉宾肯定要哭的,你要让他哭,嘉宾哭了收视率高。你问问题,问他最难的时候、想家的时候、最艰苦的时候,就问这些,让他哭。然而特别出乎意料,从采访开始到最后,嘉宾一直是高高兴兴的。我们照顾一个健康的孩子都会觉得累,要照顾脑瘫儿童,那肯定是非常非常累的。他照顾了两百个脑瘫儿童,却一直高高兴兴的!我用了一晚上的时间都没能让他哭。这件事给我冲击极大,后来我在《论语》中找到了依据。孔夫子在《论语》里说"仁者不忧",如果你的内心真的装的都是孩子和家长,你是没有忧愁的,你会觉得这些人都蛮有意思的,都需要帮助。但是,如果你心里并没有装着他们,就只是会觉得,为什么会这么不公平,为什么我这么倒霉,为什么我这样那样,那忧愁就时刻跟随着你。

所以,一个人的忧愁有多少,取决于你对"我"的看法有多大。你心中的"我"越大,你的烦恼就越多。你心中的别人越大,烦恼就越少。仁者不忧,希望能够帮到你。

老师教不好自己的孩子，怎么办？

提问

我是一名教语言艺术的老师，教着一百多个学生，面对学生，我会很有耐心地言传身教，但对自己的女儿，说不了三遍，我可能就没什么耐心了，声音会不自觉地提高，情绪也会变差。我也听了很多书，比如《智慧管教》和一些谈原生家庭的亲子书，也知道方法，但我就是不知道怎么把这些方法武装到自己身上来，让自己更好地去引导孩子。

首先，你不要再说这样的话，不要老是去暗示自己：我不知道，我做不到；即使我读了那么多书，我仍然做不到。如果你总是强调这些，你慢慢就会相信自己真的做不到，一定不要这样去强化负面的想法。实际上，不管能不能做到，教导她都是你的责任。你自己想做到的话，立刻就能做到。

你教别的小孩之所以和教自己孩子的方式不一样，原因很简单，就是你不够相信自己的教育方法。如果你足够相信它，教别的孩子就不需要伪装，而是发自内心的，同时，回到家教自己的孩子，你也不需要装，两边一样教嘛。

现在产生这样的矛盾，是因为你打心眼里可能并没有真的接受"耐心地去教育一个孩子"这件事。我听过很多老师说这样的话：如果是我的孩子，我就怎么怎么样。每次听到我就在想，这老师每天装，得有多累呀！他在用一种虚假的方式去应付工作。实际上，我们应该去深入地理解，为什么要对孩子有耐心。如果你相信自己的教育理念，就不能只把它用在别的孩子身上，而应该多用在自己的孩子身上。对孩子，你不愿意承担一点责任吗？不愿意跟孩子一起面对困难，帮她剖析问题、解决问题，在她有进步的时候鼓励她，帮助她找到学习的乐趣吗？相信自己能做到，只要你愿意，立刻就能做到。

未来的教育模式会是怎样的呢?

提问

我是一名老师,非常想听您描述一下,未来的教育和学校是什么样的?

我出生在一个教育家庭,爸爸是数学老师,妈妈是语文老师,我从小就看他们教学、上课。当我开始做"樊登读书会"以后,我发现最大的问题是,大量的家长和老师缺乏基本的教育学原理训练,把孩子的成长当作简单的机械结构在拼凑。

这个世界上有两种学问,一种是复杂科学,另一种是简单科学。简单科学就像造汽车,是可以拼凑的。大家用这种思维方式把数学、语文、英语、政治、跳绳拼凑在一起,凑成了一个教育体系。可人其实是一个复杂的体系,你根本不知道一个孩子会因为哪句话发生改变,你没法掌控。有的孩子所有课程都学得很好,最后却成了一个罪犯,或者成了一个有严重心理问题的人,给社会造成很大的麻烦。所以我们就要思考,怎样才能把复杂体系的教学方式引入每一个孩子身上?后来我就发现了梅拉妮·米歇尔所写的《复杂》这本书,书里告诉我们,所有复杂的形态都是由最简单的规则驱动的,比如人类的进化规则其实只有三个：遗传、变异、选择。那么，我就在想，如果把教育的规则也简化为三个，应该是什么？最后我发现——这是我个人的感受——首先，孩子心中要有坚定的无条件的爱；其次，孩子要有价值感，相信自己是一个能创造价值的人，对社会有用的人；最后，是终身成长，清楚困难和挫折是自己成长的机会。这三个规则如果建立起来了，你会发现遇到任何困难、任何问题，孩子自己都可以努力去解决。

怎么才能让更多家长了解到这一点？我们做读书会的目标就是这个。未来的教育，我觉得有一个方向上的转变，重心从学校转向家庭，学校教育占的比重会越来越小，因为人是需要终身学习的。过去咱们认为一个人高中毕业差不多就能工作了，大学毕业已经算文凭很高了。但是现在，单位来了个大学毕业生，你会觉得孩子还傻着呢，什么都不会，慢慢教吧。

未来，学生会在一对一的方式下学习，而不是现在的一对多，每个学生都可以有一台AI陪伴他学习。我儿子现在就在跟着AI学奥数，比跟着老师学快多了。这样，同一个班上的学习程度不同的学生就可以有完全不同的进度，而学校也就变成了负责"启发"和"玩耍"的地方。老师就管布置任务，学生自己去学习，去完成。有共同兴趣的孩子可以组成一个小组，一起探索，一起学习。哪个学生准备好参加高考了，就去参加。这样，每个孩子的潜力都能得到充分的挖掘和释放。

人类的智商每隔一百年大概会增长十位数，一直在进步，教育的方法应该要不断改进，所以千万不要低估孩子的潜力。

在未来的这种教育图景中，真的有很多老师会退出教育活动，就像北京收停车费的人都被机器替代了一样。很多老师可能会受到人工智能的冲击，但是好的老师仍是难以被替代的，因为我们很难指望机器跟你聊两句就给你带来启发，让你想成为一个了不起的人。**点亮孩子的心灵，提高孩子的情商，提升孩子的沟通能力、团队协作能力，这是老师才能做好的，短期之内很难被机器替代。**所以，我觉得，未来的老师可能要更多地去研究教育学、心理学，最重要的是心里对学生要有爱，爱是最重要的。

《放牛班的春天》这部电影，我推荐所有老师都看看，看了它你就知道，一位好老师的价值到底有多大。

樊登输出书单

No.06 优解教育

《如何培养孩子的社会能力》
（美）默娜·B.舒尔 著

《叛逆不是孩子的错》
（美）杰弗里·伯恩斯坦 著

《感受爱：在亲密关系中获得幸福的艺术》
（美）珍妮·西格尔 著

《欲罢不能：刷屏时代如何摆脱行为上瘾》
（美）亚当·奥尔特 著

《压力管理指南》
（美）阿米特·索德 著

《最好的告别》
（美）阿图·葛文德 著

《耶鲁大学公开课：死亡》
（美）谢利·卡根 著

《天蓝色的彼岸》
（英）亚历克斯·希勒 著

《思辨与立场》
（美）理查德·保罗 著

《高绩效教练》
（英）约翰·惠特默 著

《解码青春期》
（美）乔希·西普 著

《正面管教》
（美）简·尼尔森 著

《2001：太空漫游》
（英）阿瑟·克拉克 著

《2010：太空漫游》
（英）阿瑟·克拉克 著

《2061：太空漫游》
（英）阿瑟·克拉克 著

《3001：太空漫游》
（英）阿瑟·克拉克 著

《爱因斯坦传》
（德）菲利普·弗兰克 著

《达·芬奇传》
（英）查尔斯·尼科尔 著

《苏东坡传》
林语堂 著

《不管教的勇气》
（日）岸见一郎 著

《终身学习》
（美）黄征宇 著

《自卑与超越》
（奥）阿尔弗雷德·阿德勒 著

《复杂》
（美）梅拉妮·米歇尔 著

复盘时刻

01

适度焦虑带来的是重视,而不是痛苦,它会促使人采取行动。

02

旁边的人如果不停地批评我们,根本无助于我们把一件事做好。

03

如果要给孩子做死亡教育,最好带他去看一棵大树,让他知道这棵大树会生长,会开花,会结果,会落叶。

04

让孩子建立自信,其实还可以通过向孩子表达感谢来实现,尤其是对他很容易做到的事表达感谢,更能让他变得自信。

05

要让孩子成为解决问题的主角,而不是被迫参与的配角。

06

一个人自尊水平越低,越不会改变。

07

焦虑这件事,不能靠消灭现象来解决,而应该靠改变我们内心的承受力、改变我们看待事物的方法来解决。

08

不断责骂孩子的过程,就是不断推卸责任的过程,这导致孩子在学习上容易紧张恐惧,进而导致他上课、做作业不能集中注意力。

09

不要不安于幸福。不要觉得幸福的生活里肯定还藏有危机,为了解决这些不存在的危机大动干戈,凭空制造出很多矛盾。

10

人最重要的力量,永远来自他的内心。

11

孩子比我们想象的更需要父母的陪伴,他们在青春期时特别焦虑,可能是因为自己很快要离开这个家了,很惶恐,担心自己没有更多的时间陪伴父母。

12

静待花开不是什么都不做,更不是延续过去的错误方法,而是去找到一个正确的方法,耐心地去陪伴孩子。

13

切忌以随便去关她的电视、抢她的手机等这种不够尊重别人的态度来对待这件事,即便她是你的孩子。

14

人在趣味这件事上,有一个反脆弱的能力。什么叫反脆弱的能力?就是你越是打击它,它反弹得越厉害。

15

孩子的焦虑,本质上一定是缘于父母和孩子的关系。

16

只有让孩子自己去经历,被家人当作成年人去尊重,他们的自尊水平才能提高,才能做出真正属于自己的选择。

17

妈妈和女儿的关系,大部分是相爱相杀的,不见面的时候想,见了面就吵架,吵完了内疚,循环往复,极度痛苦。

18

在心理学上,没有口误这种事,口误泄露的是潜意识的想法。

19

很多父母对孩子都是得寸进尺的。

20

每个孩子最终一定是要靠自己的自觉性来实现成长的，意识到人生是要靠自己来学习、掌控、打造的，这样你才能做到不管教。

21

家庭的感觉，不是一定要跟父母联系在一起的，只要有人爱他，他就有家。

22

来自陌生人的善意，说不定也有可能改变孩子的一生。

23

点亮孩子的心灵，提高孩子的情商，提升孩子的沟通能力、团队协作能力，这是老师才能做好的，短期之内很难被机器替代。

图书在版编目（CIP）数据

还烦恼吗 / 樊登著. --北京：北京联合出版公司，2022.5
ISBN 978-7-5596-6014-5

Ⅰ.①还… Ⅱ.①樊… Ⅲ.①散文集－中国－当代 Ⅳ.①I267

中国版本图书馆CIP数据核字（2022）第035358号

还烦恼吗

作　　者：樊　登
出 品 人：赵红仕
责任编辑：李艳芬

北京联合出版公司出版
（北京市西城区德外大街83号楼9层　100088）
北京盛通印刷股份有限公司印刷　新华书店经销
字数264千字　880毫米×1230毫米　1/32　印张11
2022年5月第1版　2022年5月第1次印刷
ISBN 978-7-5596-6014-5
定价：59.80元

版权所有，侵权必究
未经许可，不得以任何方式复制或抄袭本书部分或全部内容
本书若有质量问题，请与本公司图书销售中心联系调换。电话：（010）82069336

能找到归属感和价值感,你就能更开心地去工作,也更容易成为专家。

作为管理者,我们需要帮助员工成长,那么深度谈话就是一件非常重要的事。

员工的执行力往往等于领导的领导力。

很多人不知道怎么做管理者,是因为他根本不知道管理者的定义。管理者是通过别人来完成工作的人。

对整个团队影响最大的，是团队管理者的气质和价值观，是管理者能否鼓动起每个团队成员内心的动力。

因为管理者的任务就是提高员工的水平，帮助员工成长。你能够培养多少人，决定着你自己有多成功。

一个了不起的企业首先看重的一定是员工的成长，员工有创业的动力，有成长的愿望，他才能更高效地去工作、去生活，才能给你创造更多的价值。

如果我们能让员工意识到,这份工作就是他走向社会的阶梯,是他了解大千世界的一个切入口,能让他知道自己三年、五年以后会成为什么样的人,他个人的目标才会跟公司的目标绑定在一起,这时他的稳定性自然会提高。

你的客户是否认同你,不取决于你对他的态度,而取决于你对他有没有价值。

风险和收益之间永远都有一个最大的变量——能力。

"睡后收入"不能靠突发灵感,而要靠不断地摸索、打拼,找到正确的方向,寻找边际成本更低的收入模式。

一辈子走过来,总得换几个搭档,这是正常的。

管理的核心是最大限度地激发他人的善意。

招人，一定要招有热情、有理想、能跟你一起改变世界的，而不是招那些把眼光放在待遇、薪资上的。

和同学、朋友共同创业的一个核心要点是，要尊重每个人的独立边界，不能因为感情好，就模糊了彼此的界线，要做好分工，相互尊重，如此才能长久友好地合作下去，否则最终只会分道扬镳，更有甚者关系破裂。

我们和其他人比起来，在智商上没有多大差别，千万不要觉得你是公司创始人，就比别人聪明了很多。